Katharina Daniels · Manfred Engeser · Jens Hollmann

Sieg der Silberrücken

Katharina Daniels · Manfred Engeser ·
Jens Hollmann

Sieg der Silberrücken

**Beruflicher Richtungswechsel in der Lebensmitte.
Zehn Neustarter verraten ihr Erfolgsgeheimnis**

Bibliografische Information der Deutschen Nationalbibliothek
Die Deutsche Nationalbibliothek verzeichnet diese Publikation in der Deutschen
Nationalbibliografie; detaillierte bibliografische Daten sind im Internet über
http://dnb.d-nb.de abrufbar.

ISBN 978-3-7093-0520-1

Es wird darauf verwiesen, dass alle Angaben in diesem Werk trotz sorgfältiger Bearbeitung
ohne Gewähr erfolgen und eine Haftung der Autoren oder des Verlages ausgeschlossen ist.

Umschlag: Holger Windfuhr, Dmitri Broido und buero8
Satz: Strobl, Satz·Grafik·Design, 2620 Neunkirchen
Grafik: Jürgen Elsen, Kakensdorf bei Hamburg, sinnbilden.de
Fotobearbeitung: Gerard Mulder, Uwe Schmidt

© LINDE VERLAG Ges.m.b.H., Wien 2013
1210 Wien, Scheydgasse 24, Tel.: 01/24 630
www.lindeverlag.de
www.lindeverlag.at
Druck: Hans Jentzsch u Co. Ges.m.b.H.
1210 Wien, Scheydgasse 31

Inhalt

Einführung

Der Patient war blass und nicht mehr ganz bei sich. Während die Assistenzärzte in der Notaufnahme noch grübelten, was zu tun sei, stand der Chefarzt in der Tür, ein Blick und ein paar Fragen reichten ihm, „Morbus Moschcowitz" lautete seine Diagnose einer extrem seltenen Blutgefäßerkrankung. „Darauf wären wir im Leben nicht gekommen", sagte eine junge Ärztin.

„Lob der Erfahrung" betitelt das Wochenmagazin *Die ZEIT* sein Dossier – und reflektiert mit dieser Headline eine Entwicklung, die langsam aber unaufhaltsam in der Mitte unserer Gesellschaft ankommt. Die Älteren, sie zählen wieder! Als diejenigen, die verfahrene Situationen auflösen können, als diejenigen, deren Erfahrungswissen gefragt ist, als diejenigen, die ihr Ego nicht in den Mittelpunkt stellen und integrieren können. Zugegeben, Jugend und Alter sind je nach Kontext sehr unterschiedlich zu bewerten: Geht in der Politik ein Mittvierziger glatt noch als „junger Wilder" durch, so gilt er im Großteil der Unternehmen bereits als alt. Tatkraft, Innovation, Flexibilität werden auf dem klassischen Arbeitsmarkt vornehmlich den Jüngeren bis höchstens Mitte 30 zugestanden. Menschen jenseits der Alters-Schallmauer galten und gelten oft heute noch in den Personalabteilungen der Unternehmen als eher starr, ihren Gewohnheiten verhaftet und nur noch bedingt lernfähig. Weit gefehlt!

Immer mehr Menschen in der Lebensmitte zeigen, was sie noch drauf haben, ja mehr noch: was sie können, was ein Mittzwanziger nicht können kann. „Denk- und Entscheidungsprozesse verlaufen gründlicher", hat der renommierte Emeritus und Hirnforscher Ernst Pöppel in seinen Forschungen nachgewiesen, die er in seinem Buch „Je älter desto besser" erläutert. Zwar reagiert das Gehirn älterer Menschen auf Außenreize einige Millisekunden langsamer als das von jungen Menschen – die rascher neue Impulse aufgreifen und gänzlich Neues schneller lernen. Dafür ermöglicht das etwas längere Wellental zwischen zwei empfangenen Reizen im Gehirn des älteren Menschen das Koppeln von Informationen, die nun als gleichzeitig wahrgenommen und eingeordnet werden. Pöppel bezeichnet das als „das innere Metronom des Menschen", dessen Takt sich im Laufe des Lebens verlangsamt. Mit der Chance, dass zwischen den Taktschlägen mehr Freiraum zum Kombinieren bleibt.

Das heißt: Ältere bringen Geschehnisse und Eindrücke sehr rasch in einen umfassenden Kontext. Gekoppelt mit der Fülle an Erfahrung sind wir besonders gut in der Lage, uns schnell und zutreffend ein Urteil zu bilden und hieraus adäquate Strategien abzuleiten. So wie es dem Chefarzt im Eingangsbeispiel möglich war, auf die in seinem Unterbewusstsein gespeicherten Erinnerungen aller fünf Sinne zurückzugreifen: das Aussehen des Patienten, ein bestimmter Geruch, Symptom-Details und vieles mehr – und hieraus die korrekte Diagnose abzuleiten. Ein Geschehen, das wir auch als intuitives Wissen bezeichnen, im Volksmund Bauchgefühl genannt. In der Intuition verschmelzen Gefühle, Eindrücke, Empfindungen und rationales Wissen zu einer blitzartigen Erkenntnis. Auf die Intuition und die verschiedenen Arten und Ebenen unseres Wissens werden wir in diesem Buch noch vielfältig eingehen.

Was bedeutet das für Sie und Ihre Überlegungen, noch einmal etwas gänzlich Neues zu beginnen? Nun, auch wenn es im ersten Moment merkwürdig klingt: Gerade jetzt, in der Lebensmitte, sind allein durch Ihre neurobiologischen Voraussetzungen Ihre Chancen besser denn je, einen Neustart nicht nur als furioses Spektakel zu inszenieren, dessen Funkenregen schnell verglüht, sondern ein dauerhaft loderndes Feuer daraus zu entzünden, das Sie noch lange wärmt.

● ●

IMPULSE AUS DER WISSENSCHAFT

Radikalität des Nullpunkts

„Im 14. Jahrhundert hat der Mystiker Johannes Tauler über die spirituelle Krise in der Lebensmitte geschrieben, von ihm stammt der Begriff der ‚Radikalität des Nullpunkts', man habe verschiedene Facetten des Lebens ausgelebt und stehe nun vor der Frage, wie weiter jetzt? Durch Meditation, Reflexion und Läuterung könne man dazu kommen, eine neue Perspektive zu finden. Das klingt geradezu modern." (Quelle: Simon/Perrig-Chiello „Ende der Kompromisse", GEO Wissen 2012)

●●●

Verstärkt reagieren in jüngerer Zeit auch die Medien auf die höchst aktuelle gesellschaftliche Entwicklung des Nullpunkts in der Lebensmitte, machen Mut: „Turnaround – klar geht das", verkünden den „Geschmack am Neuanfang" und sprechen von der erforderlichen „Disziplin und Leidenschaft" – und alle beziehen sich auf diesen Abschnitt unseres Lebens, in dem die Richtungen von der Mitte aus gesehen frei wählbar sind. Ja! Von der Mitte aus eröffnen sich mehr Perspektiven denn je (Abb.1), vielleicht sogar mehr denn in Ihrer Jugendzeit. Denn Ihr Erfahrungswissen fließt in Ihre Entscheidung mit ein, wohin Sie sich wenden wollen. Und dabei möchten wir Sie mit diesem Buch begleiten!

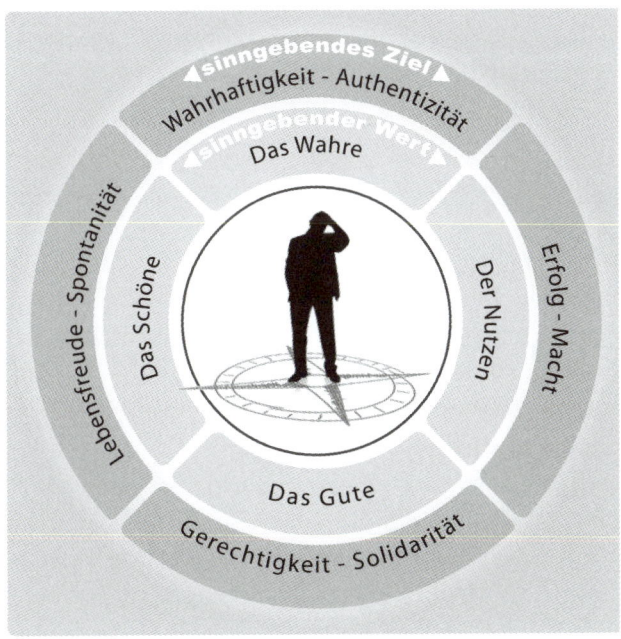

Abb. 1: Der Kompass unseres Lebens

„Sieg der Silberrücken" verstehen wir als Appell für Ihren erfolgreichen Aufbruch in eine neue Phase Ihres Lebens. Wir möchten Sie kompakt, fundiert und mit einer großen Portion Ermunterung auf Ihrer Reise begleiten, Ihnen von der Station Ihres Lebens aus, an der Sie jetzt gerade stehen, viele Reiserichtungen zeigen. Und das gilt für Männer wie für Frauen gleichermaßen!

● ●

IMPULSE AUS DER WISSENSCHAFT

Was sagt die Enzyklopädie?

Als Silberrücken wird ein erwachsener männlicher Gorilla etwa ab dem zwölften Lebensjahr wegen seines charakteristischen silbrig-grauen Fells bezeichnet. Silberrücken fungieren als Anführer ihrer jeweiligen Familie oder Gruppe und sind für den Zusammenhalt, die Sicherheit und das Wohlergehen verantwortlich. Sie schlichten interne Konflikte und treffen alle notwendigen Entscheidungen, wie zum Beispiel hinsichtlich der Wanderschaft ihrer Gruppe auf der Suche nach den besten Futterplätzen. Sie haben naturgemäß die volle Aufmerksamkeit der Gruppe, die sich meist um den Silberrücken schart.

● ●

Wir stellen Ihnen in diesem Buch zehn Menschen vor, die alle die „Radikalität des Nullpunkts" erlebt und sich von diesem Punkt aus in Richtungen entwickelt haben, die sicher für so manchen aus der Reihe der Porträtierten selbst überraschend waren. Bei aller Unterschiedlichkeit der Lebensentwürfe gibt es doch bei allen Porträtpartnern bestimmte Übereinstimmungen: Sie suchten bei ihrem Neustart nach Sinn und damit Glück in ihrem beruflichen Tun, sie gaben (und geben) sich nicht mit dem (vermeintlich) Gegebenen zufrieden und sie strebten und streben nach Ungebundenheit und dem Freiraum, ihre eigenen Vorstellungen verwirklichen zu können. Sie – unsere Leserinnen und Leser – werden, verstreut durch die einzelnen SISCA-Phasen, immer wieder pointierte Hinweise auf einzelne Aspekte in den Lebensläufen unserer Porträtpartner finden. Manfred Engeser, Ressortleiter Management & Erfolg bei der WirtschaftsWoche, zeichnet für die Porträtreihe verantwortlich. Der auf Veränderung und Transformation spezialisierte Unternehmensberater und

Coach Jens Hollmann und die Journalistin und Kommunikationsberaterin Katharina Daniels haben die Formel SISCA entwickelt. Diese umfasst fünf Phasen des Willensbildungsprozesses, ein Ziel zu definieren und dieses dann auch umzusetzen. Die von uns als SISCA bezeichneten Teileinheiten sind durch wissenschaftliche Studien in der Psychologie und Managementforschung belegt.

S wie **Scan** bedeutet die Bilanz Ihrer aktuellen Situation: Wer sich bereits Montag Früh schon nach dem Wochenende sehnt, ist in seinem aktuellen Arbeitsumfeld wohl kaum am richtigen Platz. Weiter gedacht: Jetzt ist der Moment, um Ihrem Empfinden dessen, was Arbeit ist, vertieft auf die Spur zu kommen. Wie viel Arbeit, die wir nicht mögen, verträgt unser Leben? Was bedeutet Arbeit für Sie und welche Arbeit könnte Sie mit Begeisterung erfüllen?

I wie **Insight**. In dieser Phase begeben Sie sich auf die Suche nach Ihren Potenzialen, nach Ihren (Lebens-)Werten, die in der Rushhour Ihres Lebens – Karriere, Familiengründung und vieles mehr – wohl oft ins Abseits Ihres Bewusstseins geraten sind. Um nun erneut von Ihnen entdeckt zu werden. Jetzt können Sie Ihre Werte und Ziele, wie in Abbildung 1 dargestellt, aus der Mitte Ihres Lebens heraus betrachten und wählen, welche Richtung für Sie am besten passt.

· ·

IMPULSE AUS DER WISSENSCHAFT

Leidenschaften der Seele

Die Tugenden des Guten, Wahren und Schönen gehen auf die altgriechischen Philosophen Aristoteles und Platon zurück. Sie zeigen unsere Einstellung zur Welt und sind in gewisser Weise vom Willen steuerbar. Die antiken und scholastischen Ethiker beschäftigten sich daher intensiv mit der Klassifizierung und genauen Beschreibung der einzelnen „Leidenschaften der Seele". Tugend wird in diesem Kontext als Habitus verstanden, der zu bestimmten Tätigkeiten qualifiziert. Ein Habitus kann angeboren sein und entspricht dann unseren Potenzialen oder er kann erworben sein, als erlerntes Wissen und Können.

· ·

S Die Suche nach sinngebenden Werten und Zielen kennzeichnet den fließenden Übergang der Phase Insight zur Phase **Select**. Ihre jeweiligen sinngebenden Werte und Ziele schaffen Ihren Orientierungsrahmen. Damit Sie mit Ihrem nun beginnenden neuen Lebens- und Arbeitsmodell wirklich glücklich sind.

„Die Sehnsucht nach Glück", sagt der Philosoph Wilhelm Schmid (www.lebenskunstphilosphie.de), „ist die Sehnsucht nach Sinn. Sinn der Arbeit, Sinn des eigenen Lebens, Sinn des Lebens überhaupt: Wo Sinn erfahrbar wird, ist Glück die Folge."

C wie **Create**. In dieser Phase öffnen Sie den Werkzeugkasten, um Ihr nun gefundenes Ziel zu bearbeiten, zu formen, es handhabbar zu machen – bevor Sie in die Zielgerade zur Umsetzung einbiegen.

A Nun sind Sie in der Phase **Act** angelangt – und stehen an einem Punkt, an dem Sie die Früchte Ihrer Überlegungen ernten wollen. Die stürmischen Naturen unter Ihnen hält es kaum mehr; jetzt wollen Sie Ergebnisse sehen, wollen in triumphalem Lauf Ihren neuen Lebensraum erobern. Die eher Grüblerischen zögern vielleicht noch vor dem nun entscheidenden Schritt in eine neue Lebensphase hinein. Zu beiden Ausprägungen unseres Denkens und Tuns finden Sie in der Phase „Act" Erkenntnisse aus der Wissenschaft. Unabhängig davon, welchem Naturell Sie stärker zuneigen: Sinnvoll ist vor dem Lossprinten eine Retrospektive allemal; der Blick zurück auf Ihren Willensbildungsprozess kann für Klarheit sorgen, ob alle Komponenten optimal aufeinander abgestimmt sind, ob das, was Sie jetzt vorhaben, zu Ihnen passt. Das kurze Innehalten schärft Ihren Blick für die Strecke, die jetzt (noch) vor Ihnen liegt.

→ Haben Sie großzügig über berechtigte Überlegungen hinweggesehen und darauf vertraut, dass schon alles klappen wird?

→ Ist es wirklich Ihr Weg, den Sie jetzt beschreiten, oder wie stark richten Sie sich – unbewusst – an den Wünschen anderer aus?

→ Haben Sie wirklich alle überwindbaren Hindernisse überwunden – oder wählen Sie jetzt in diesem Moment doch eher den vermeintlich machbaren Weg?

Wenn Sie sich diese Fragen in großer Ehrlichkeit selbst beantworten können und Ihre Antworten Ihnen zeigen: Ja, ich tue jetzt das, was im tiefen Einklang mit mir steht – dann sollte Sie nichts mehr aufhalten! Die schöpferische Kraft der Seele ist keine Frage des Alters. Der *Stern*-Beitrag „Eine Midlife-Crisis gibt es nicht" liefert Beispiele berühmter „Lebensmittler": Picasso malte „Guernica" mit 56, Händel komponiert den „Messiah" mit 57, ebenso alt war Kant, als er „Die Kritik der reinen Vernunft" verfasste. Verdi schrieb „Aida" mit 58, Alexander von Humboldt begann sein großes Werk „Kosmos" mit 65, Ranke schrieb die ersten Zeilen seiner 13-bändigen „Weltgeschichte" mit 80, und Michelangelo war 88, als der Tod ihm den Pinsel entwand.

Und Edzard Reuter, ehemaliger Vorstandsvorsitzender der Daimler Benz AG, als Jahrgang 1928 noch munter unter den Lebenden weilend, kaufte sich mit 70, also 1998 noch in den prähistorischen Zeiten des Internets, seinen ersten Laptop und entdeckte das World Wide Web. Sein Appell an die nicht mehr Jungen: „Bleibt neugierig!"

Scan
Ihre Bilanz des Hier und Jetzt

Sie sind ein Babyboomer? Einer der Jahrgänge, die heute zwischen Anfang, Mitte 40 und knapp 60 sind? Und Sie sind an einem Punkt, an dem Sie überlegen, ob das, was Sie jetzt beruflich tun, Sie bis ins Alter mit tiefer Zufriedenheit erfüllen wird? Drängt sich womöglich zunehmend stärker der Gedanke ins Bewusstsein: Kann's das schon gewesen sein? Denn zähneknirschend die restlichen Jahre bis zum Eintritt in den sogenannten Ruhestand irgendwie zu überstehen – das wollen Sie höchstwahrscheinlich nicht, sonst hätten Sie jetzt nicht dieses Buch in der Hand! Und vielleicht fragen Sie sich nun, in der so vielzitierten Lebensmitte, was Arbeit eigentlich für Sie bedeutet, welchen Stellenwert Arbeit generell und Ihre Arbeit speziell in Ihrem Leben hat?

• •

GEDANKENAUSFLUG

Was bedeutet meine Arbeit für mich?

Ein kleiner gedanklicher Zwischentest für Sie: Würden Sie nach einem Lottogewinn, der Ihnen für den Rest Ihres Lebens ein einträgliches Auskommen sichert, Ihre aktuelle Arbeitssituation aufrechterhalten?

→ Wenn Sie uneingeschränkt mit „Ja" antworten, ist Ihr Beruf wohl wirklich Ihre Berufung.

→ Sagen Sie gleich aus tiefstem Herzen „Nein", gibt es in Ihrem aktuellen beruflichen Dasein vermutlich zu viele Faktoren, die nicht stimmen.

→ Wenn Sie erst einmal nachdenken müssen, ist ein tiefergehendes Reflektieren sinnvoll: Was bedeutet Ihre Arbeit aktuell für Sie? Herausforderung? Erfüllung? Belastung? Und kann es sein, dass sich Ihr Verständnis dessen, was Arbeit ist, im Verlauf Ihres Lebens gewandelt hat? So wie es sich auch im historisch-kulturellen Kontext unablässig ändert?

• •

„Unser Verhältnis zur Arbeit ist ambivalent wie eh und je", schreibt der *Tagesspiegel* in seinem Essay „Unsere neue Religion" (Leber, 2013). Früher arbeiteten wir, um zu leben, dieses Verständnis spiegelt sich in der Genese des Begriffs „Arbeit": Im germanischen Sprachgebrauch überwog die Assoziation zu Knechtschaft, gar Sklaverei. In der Antike hielt sich derjenige, „der es sich von Standes wegen leisten konnte, lieber von der täglichen Arbeit fern und widmete sich der persönlichen Fitness und schönen Gedanken" (Leber 2013). Im Mittelhochdeutschen stand Arbeit für Mühsal und Strapaze – Empfindungen, die sich bis heutigen Tages als Definition im Brockhaus behaupten, hier allerdings schon ein wenig angehaucht von der Wahlmöglichkeit, Mühsal und Strapaze freiwillig zu übernehmen oder zu erleiden.

Das Verständnis des Berufs als Berufung setzte sich mit dem Beginn der Reformation durch. Der russische Schriftsteller Leo Graf Tolstoi bezeichnete 1880 Arbeit als „unerlässliche Voraussetzung des menschlichen Lebens, die wahre Quelle menschlichen Wohlergehens". In diesem Verständnis geht Arbeit weit über die Sicherung des Lebensunterhalts hinaus und eröffnet Möglichkeiten der schöpferischen Gestaltung und der Selbstentfaltung. „Ich muss frei und professionell arbeiten können", sagt auch unser Porträtpartner und Detox-to-go-Gründer **Peter Studhalter**.

Heute leben wir auch, um zu arbeiten, stärker noch: In unserer postindustriellen Gesellschaft wird Arbeit immer stärker zum individuellen Wert, besonders zu besichtigen in den Kreativbranchen. „Wer dort nicht von sich behauptet, seine Arbeit sei ‚spannend'", so der *Tagesspiegel* (Leber 2013), „muss sich darauf einstellen, besorgte Blicke zu ernten." Nun, auch wenn wir aus unserer Arbeit keinen Fetisch machen, so ist doch unbestreitbar, dass Arbeit Lebenssinn stiften kann: Wer kennt sie nicht, die Geschichten von Menschen, die sich ohne ihre Arbeit entleert fühlen, den Firmengründer etwa, der nicht loslassen und das Ruder an Jüngere übergeben kann. Arbeit kann Glücksmotor und Sinnstifter sein: „Ich bin 80 und die Arbeit nimmt noch immer die meiste Zeit in meinem Leben ein. Sie erfüllt mich und hat großen Anteil an meinem Glück", sagt der russische Arzt Victor M. Shklovsky, Jahrgang 1930, Gründer und Leiter des Zentrums für Neuro-Rehabilitation in Moskau, im Interview mit dem Hirnforscher Ernst Pöppel (Pöppel 2012).

Wenn die Unlust überwiegt – Faktoren zur Überprüfung

Vom „großen Anteil an seinem Glück" spricht der Neurowissenschaftler Shklovsky. Über das Wort hinaus gibt es untrügliche Anzeichen dafür, dass ein Mensch in seiner Arbeit auch sein Glück gefunden hat:

→ Eine starke Anziehungskraft bis hin zur Faszination für andere: Der Enthusiasmus für das, was sie tun, macht diese Menschen interessant und wirkt ansteckend, weil sie oft vor Energie sprühen und etwas zu sagen haben.

→ Glaubwürdigkeit und Überzeugungskraft: Menschen, die von dem, was sie tun, überzeugt sind, wirken glaubwürdig und können auch andere überzeugen, etwa wenn sie für ein karitatives Projekt Sponsoren suchen.

→ Gelassenheit und Offenheit: Wer seinen Weg gefunden hat, ist nicht mehr unruhig auf der Suche nach Alternativen. Auf dieser Grundlage sind Interesse und eine Offenheit für die Erlebnisse und Wünsche anderer möglich; wer in sich selbst ruht, kann sich in anderen Kontexten zurückstellen.

Bei Menschen, für die ihre Arbeit auch Erfüllung ist, wirkt eine starke intrinsische Motivation, ein Antrieb zu ihrem Tun aus sich selbst heraus, etwa durch die Freude an neuem Wissen, an weitreichenden Gestaltungsspielräumen, an der Selbstentfaltung. Wer derart motiviert arbeitet, kann auch bei beruflichen Weggabelungen und Entscheidungen im Regelfall auf seine innere Stimme vertrauen. Menschen, die eher extrinsisch motiviert sind, orientieren sich stärker an Außenreizen, etwa der Anerkennung des Vorgesetzten oder wichtiger Bezugspersonen, an finanziellen Anreizen oder auch an der Erwartung eines hierarchischen Aufstiegs. Werden allerdings im Berufsleben sämtliche Anreize, weder intrinsischer noch extrinsischer Natur, nicht mehr bedient, kann innere Kündigung respektive Resignation die Folge sein. So wie es vor seinem Neustart „Pferdeflüsterer" **Hilmar Bald** erging, dessen Bilanz heute lautet: „Ich will nie mehr als Angestellter arbeiten."

1965 wurde in New York die Restaurantkette TGI Friday's gegründet, die heute bereits mehr als 1000 Restaurants in über 50 Ländern besitzt. Vielleicht ist der Erfolg auch im Namen begründet? **„Thank Goodness, it's Friday"** scheint ein derart globales Empfinden zu sein, dass dieser Stoßseufzer wohl ungezählten Menschen weltweit entfährt.

Faktoren wachsender Unlust

Wachsende Unlust und Frustration am und rund ums berufliche Erleben, bei den TGI Friday's-Kandidaten wohl besser Erdulden, lassen sich über das diffuse Empfinden hinaus an konkreten Faktoren festmachen:

→ Sie freuen sich schon am Montag auf das kommende Wochenende?

→ Sie arbeiten nur noch auf Ihren nächsten Urlaub oder auf den Ruhestand hin?

→ Sie empfinden immer stärker Leere und Sinnlosigkeit?

→ Sie schweifen während der Arbeit gedanklich ständig zu anderen Dingen ab, die Sie jetzt wesentlich lieber täten?

→ Sie empfinden Ihre Arbeit nur noch als notwendig zur Sicherung Ihres Lebensunterhalts?

→ Sie spüren, dass viel mehr Potenzial in Ihnen steckt als Sie aktuell einbringen können?

Sollten Sie nur einige dieser Warnzeichen bei sich beobachten, können wir Ihnen (auch aus eigenem Erinnern) nur empfehlen, eine kleine Rechnung aufzumachen: Allein die ganz klassische Acht-Stunden-Erwerbsarbeit beansprucht schon ein Drittel unseres durchschnittlichen (Erwerbs-)Lebens. Heute aber leben wir in Zeiten stetiger Erreichbarkeit. Wer nicht auch im Urlaub abrufbar ist oder nach Feierabend, gilt schnell als wenig ambitioniert; es kommen stetig anwachsend die Pendler-Biografien hinzu von Menschen, die um der Arbeit willen mehrere Stunden am Tag in An- und Rückreise zum und vom Arbeitsplatz investieren, oder diejenigen, die ohnehin nur noch (wenn überhaupt) am Wochenende zuhause sein können. Auf reguläre Statistiken können wir hier aktuell zwar nicht zurückgreifen, so heterogen gestalten sich Erwerbsbiografien heutzutage. Dennoch können wir überschlagsmäßig bei einer Vielzahl von Menschen im Erwerbsleben wohl von weit mehr als 50 Prozent Arbeitsleben ausgehen – wollen Sie diese Lebenszeit wirklich mit einem unbefriedigenden beruflichen Dasein vergeuden? Für **Peter Birle** begann das Nachdenken über eine grundlegende Veränderung in seinem Leben, als er – noch als Sparkassenangestellter – zwar seine „ Pflicht erfüllte", sich aber „total langweilte" – und in diesem Moment klar erkannte: „Das ist nicht mein Leben."

Mentale Blockaden überwinden - von der Notwendigkeit des Risikos

Sich aus Vertrautem zu lösen und unbekanntes Gelände zu betreten, erfordert Mut. Gerade wenn Sie über einen beruflichen Neustart nachdenken, bedeutet das im Regelfall, sich mit neuen, ungewohnten Abläufen auseinanderzusetzen und sich auch neues Wissen aneignen zu müssen. Davor scheuen viele Menschen zunächst zurück. Nicht selten ist der berühmte „innere Schweinehund", sprich die Bequemlichkeit, der Grund für das Zögern; auch wenn die Umstände Sie nicht mehr zufrieden stimmen, so scheint im Hinblick auf Soll und Haben das Bekannte immer noch besser als das Risiko.

Selbstverständlich gehen wir mit dem Unbekannten ein Risiko ein. Das weitaus größere Risiko kann aber darin bestehen, nichts zu tun und an unseren gewohnten Verläufen festzuhalten (Abb. 2). Wir nennen dies das Risiko, das wir uns nicht erlauben können, nicht einzugehen (Hollmann/Daniels 2011).

Risikoarten	
Das allgemeine Risiko, das mit allem Wirtschaften verbunden ist.	**Das darüber hinausgehende Risiko,** das man sich leisten kann, wenn es eintritt und das man daher auch eingehen kann.
Das Risiko, das man sich nicht leisten kann, weil es zur Katastrophe führt, wenn der damit verbundene Sachverhalt eintritt, und das man daher nicht eingehen darf.	**Das Risiko, welches nicht einzugehen man sich nicht leisten kann,** weil man keine Wahl mehr hat – jenes Risiko also, das man eingehen muss.

Abb. 2: Risikoarten

Es gibt Stationen im Leben, in denen wir Veränderung aktiv und selbstbestimmt initiieren müssen, sonst verändern sich die Dinge ohne uns. Der Zug fährt weiter und wir bleiben an der stillgelegten Station stehen. Porträtpartnerin **Miki Mircevska** ist immer eingestiegen in den Zug der Veränderung: „Todo es posible" (alles ist möglich) war und ist das Selbstverständnis dieser Lebensreisenden.

Prüfen Sie sich einmal ganz genau und selbstkritisch: Was blockiert Sie aktuell? Welche Angst hält Sie von einem Neustart ab?

IMPULSE AUS DER WISSENSCHAFT

Vier Grundformen der Angst

Vier prädisponierende, charakterliche Tendenzen, die spezifische Ängste begünstigen, sind zuerst vom Psychotherapeuten und Psychoanalytiker Fritz Riemann (1902–1979) definiert worden: der schizoide, der hysterische, der depressive und der zwanghafte Charakter. Aus dem pathologisch klingenden Duktus hat später der klinische Psychologe Rudolf Sponsel (*1944) die Ängste (Abb. 3) in einen alltagstauglichen Kontext übersetzt (Stangl Arbeitsblätter).

→ Die Angst vor Nähe treibt vor allem Menschen mit einem hohen Drang nach Autonomie und Individualität um. Selbstbestimmt leben und arbeiten ist für sie ein hohes Gut.

→ Die Angst vor der Endgültigkeit kennzeichnet nach Ungebundenheit strebende Charaktere, Menschen, die nach neuen Erlebnissen dürsten, impulsiv und risikofreudig sind. Die Vorstellung, dass alles so bleibt, wie es ist, gleicht für diesen Charakter Dantes Inferno.

→ Die Angst vor Selbstwerdung ist auch eine Angst vor einer zu großen Distanz zu anderen. Sie geht einher mit einem starken Bedürfnis nach Harmonie, Geborgenheit, Gemeinsamkeit. Ein hohes Maß an Selbstbestimmtheit steht dem ab einem bestimmten Punkt entgegen.

→ Die Angst vor Veränderung bedeutet, die Kontrolle über das Gewohnte zu verlieren. Aufgaben, die wir noch nicht kennen, können wir nicht in gewohnter Perfektion erledigen. Dieser Form der Angst wohnt auch eine hohe Wertung von Besitz und Sicherheit inne, die im Falle eines Neustarts gefährdet sein könnten.

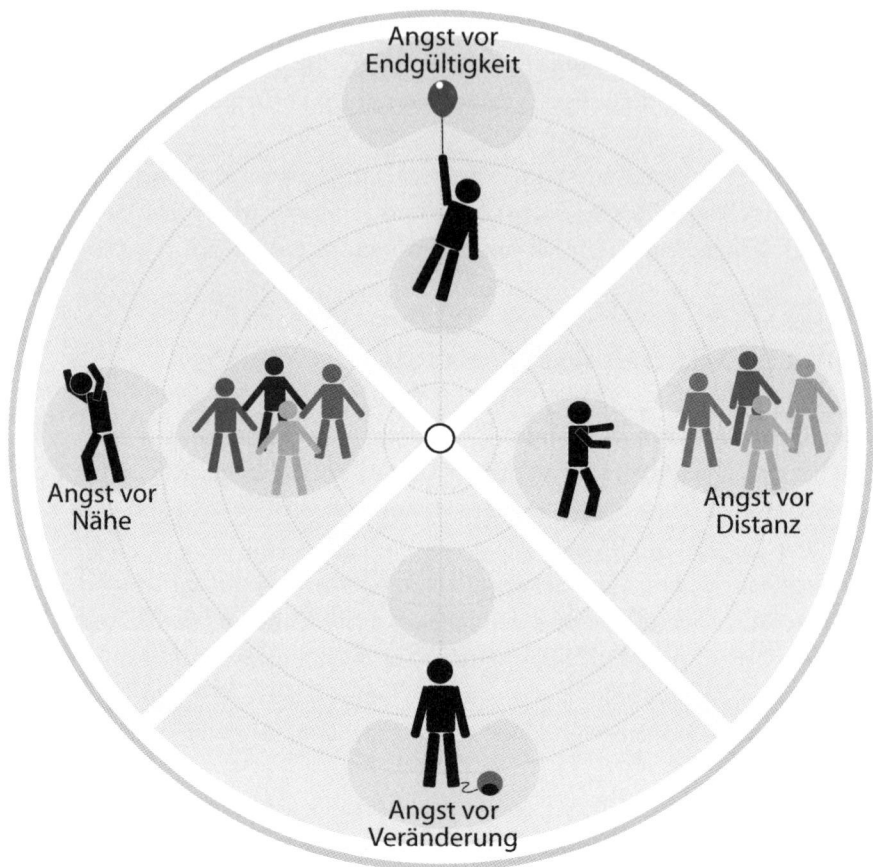

Abb. 3: Grundformen der Angst

Ein gedankliches Durchspielen der „Urängste" kann Ihnen möglicherweise neue Perspektiven gerade angesichts der Lebensmitte eröffnen, etwa beim Aspekt der Endgültigkeit: Die verbleibende Lebensspanne wird kürzer, was kann ich mir da noch erlauben? Sie könnten es auch genau umgekehrt betrachten: Jetzt kann ich mir endlich das erlauben, was ich mir vor noch zehn, 20 Jahren nicht zugestanden hätte! Weil es damals die Existenz zu sichern galt, die Familie zu ernähren oder andere Gründe – oder weil ich vielleicht seelisch-mental noch nicht reif war für mein aktuelles Vor-haben.

In unserer keineswegs vollständigen Liste möglicher angstauslösender Situationen spiegeln sich einige der vier Urängste. Je mehr Klarheit Sie hier für sich erlangen, umso gezielter können Sie an genau diesem Punkt ansetzen. Befürchten Sie,

→ *einen Misserfolg zu erleiden?* „Scheitern", heißt es im Buch „Je älter desto besser" (Pöppel 2012), „gehört zum Schicksal eines Menschen, wenn er etwas erreichen will und sich für seine Ziele einsetzt." Und an anderer Stelle: „Manchmal bilden sich aus den Endpunkten eines gescheiterten Ziels neue Wegkreuzungen, die mich einem neuen Ziel wieder ein gutes Stück näher bringen. Der Punkt ist also, am Scheitern nicht zu verzweifeln." Der weltberühmte Gipfelbezwinger Reinhold Messner drückte es so aus: „Ich lerne, wenn ich gescheitert bin, nicht, wenn ich Erfolg hatte." Noch weiter gedacht: Wüssten wir den Erfolg zu würdigen, wenn wir nicht den Misserfolg kennen würden?

→ *Erfolg zu haben?* Das hört sich vielleicht im ersten Moment merkwürdig an. Aber Erfolg kann Neider auf den Plan rufen und es kann sein, dass Sie Ihr neues Vorhaben verteidigen müssen. „Wenn andere sich nicht mitfreuen konnten, wenn ich Missgunst spürte", schreibt Emeritus Pöppel, „bin ich aus einer Situation des Glücks unglücklich herausgegangen."

→ *Freunde zu verlieren?* Es kann sogar sein, dass Sie mit Ihrem Vorhaben Menschen vor den Kopf stoßen, mit denen Sie bisher gut bekannt, vielleicht sogar befreundet waren. Gerade wenn Sie sich weiterentwickeln oder dies planen, kann das in Bekannten- und Freundeskreisen das Gefühl des eigenen Stillstands hervorrufen und einen Keil in die Beziehung treiben. Überlegen Sie, ob eine Beziehung oder Freundschaft, die die Veränderung des anderen nicht aushält, ein wirklich festes Fundament hat.

→ *Erwartungen zu enttäuschen?* Verbinden andere Menschen ihre Wünsche mit Ihnen und Ihrem beruflichen Einfluss, kann Enttäuschung aufkommen, wenn Sie auf einmal neue Wege gehen wollen: Wenn Sie noch zur „jüngeren Garde" um die 40 gehören, kann es sein, dass Sie in Ihrem Unternehmen aufgrund bisheriger Erfolge bereits für höchste Posten gehandelt werden, Sie aber möchten sich jetzt selbstständig machen? Sollten Sie selbst zur Riege der Mentoren gehören, mag Ihr Wechsel bei Ihren Mentees große Enttäuschung hervorrufen. Solche Situationen sind belastend

– dennoch: In einer Situation auszuharren, um die Erwartungen anderer zu erfüllen, kann für Sie zum Bumerang werden. Möglicherweise erfüllen Sie dann nicht mehr Ihre Erwartungen an sich selbst.

→ *Ihre Partnerschaft zu gefährden?* In Ihrer Partnerschaft haben sich gewisse Rituale etabliert? Man weiß, was man voneinander zu erwarten hat, die Vertrautheit ist wohltuend, zugleich aber sehnen Sie sich insgeheim nach neuen Impulsen. Und nun huscht schon seit Längerem der Gedanke an eine berufliche Neuorientierung durch Ihren Kopf? Ihnen ist klar, dass eine solche auch für Ihre privaten Abläufe Umbrüche bedeuten wird. Es kann sein, dass Ihr Partner sich möglicherweise zurückgelassen fühlt. Vielleicht auch existenzielle Unsicherheit fürchtet. Überhaupt irritiert ist: „Muss das jetzt in unserem Alter noch sein?" Aber überlegen Sie einmal, wie sich Ihre Partnerschaft langfristig entwickeln würde, wenn Sie jetzt zurückstecken? Könnte es sein, dass Sie mehr oder minder unbewusst Ihrem Partner die Schuld an nicht erfüllten Wünschen geben würden?

An der Weggabelung: Wohin soll Ihr Weg Sie führen?

In den Zwanzigern, auch noch Dreißigern mag es hochfliegende Vorstellungen dessen geben, was vermeintlich in zehn, 15, 20 Jahren erfolgreiche Gegenwart sein soll. Karriereüberlegungen stehen hier oft im Vordergrund und die Frage, wie die anvisierten Ziele am besten zu erreichen seien. Natürlich ist auch in diesen jüngeren Jahren das sorgfältige Nachdenken über die durchaus unterschiedliche Gewichtung und Konnotation dessen, was Karriere und Erfolg ist und wie sich Erwartungen von außen und individuelle Werte miteinander verbinden lassen, ein sehr sinnvolles Vorgehen.

In der Lebensmitte stellen sich die Fragen etwas anders. Der Karriereverlauf hat sich im Regelfall manifestiert, allzu große Überraschungen sind nicht mehr zu erwarten – wobei es natürlich auch von dieser Regel Ausnahmen gibt. Jetzt aber steht eher die Lebenszufriedenheit im Zentrum der Überlegungen. Gerade angesichts der sich verkürzenden Lebensspanne. War's das jetzt? Ich bin doch noch voller Wünsche, Sehnsüchte, Träume.

„Verdammt nochmal, was jetzt nicht passiert, wird nie mehr passieren", pointiert der Journalist und Buchautor Harald Martenstein, Jahrgang

1953, im Essay „Ich muss kein anderer mehr werden" (*GEO Wissen*, Oktober 2012). Und sinniert über die gerade in der Lebensmitte oft doch beträchtliche Spanne zwischen unserem biologischen Alter und unserer noch jungen Seele: „Der Mann, der Dich im Spiegel anschaut, ist älter als Du, das bist Du nicht, das muss ein Irrtum sein."

Diese innere Unruhe kann sich darin äußern, dass auch großer beruflicher Erfolg keine wirkliche, keine tiefe Zufriedenheit hervorzurufen vermag. Mit Zufriedenheit meinen wir hier nicht die „Couch potato", das satt-zufriedene, ja behäbige Sofadasein; wir meinen auch nicht diesen diffusen Zwischenzustand, nicht richtig unglücklich zu sein, aber eben auch nicht richtig glücklich – zufrieden halt. Nein, dieses Zufriedensein meinen wir nicht. Wir reden hier ganz unbescheiden und sehr ambitioniert vom inneren Frieden mit sich selbst. Welche bislang unerfüllten Erwartungen gibt es noch umzusetzen? Oder geht es darum, sich neu auszurichten, nachzudenken: Muss ich meine lange gepflegten Erwartungen in Frage stellen? Und klebe ich noch an Vorstellungen, die ich in einer bestimmten Lebensphase entwickelt und dann nie wieder korrigiert habe?

Dieses Buch fokussiert auf den Neustart. In welchen Kontexten sich dieser vollzieht, ist so individuell wie Sie selbst. Natürlich gibt es die Option, im eigenen Unternehmen nach neuen Aufgabenfeldern zu suchen. Sie könnten auch noch einmal in einem ganz anderen Bereich eine Weiterbildung absolvieren und in eine vollkommen andere Branche wechseln. Immer mehr Menschen in der Lebensmitte wagen diesen Schritt. Oder Sie gründen ein eigenes Unternehmen. Die Optionen sind so vielfältig, dass wir Ihre Vorstellungskraft hier nicht mit für Sie möglicherweise unpassenden Beispielen einengen wollen. Die Porträts von Neustartern mögen Ihnen als Inspiration dienen. In jedem Fall aber ist auch in nicht mehr jungen Jahren ein Ausflug zu sich selbst, zu den Potenzialen, die vielleicht schon lange ihrer (Wieder-) Entdeckung harren, eine lohnenswerte Investition.

Die Kunst, zu leben

Renate Krümmer

25 Jahre legte sie eine beeindruckende Karriere als Managerin hin – doch die Liebe zur Kunst siegt schließlich doch: Mit 54 Jahren macht sich Renate Krümmer als Kunsthändlerin selbstständig – und vereint seit drei Jahren Beruf und Berufung.

Den ganzen Vormittag hatte sie schon darauf gewartet. Als es kurz vor halb zwölf klingelt, springt Renate Krümmer aus ihrem mintfarbenen Sessel und eilt im Sauseschritt zur Tür. Fast reißt sie dem Boten das Paket aus der Hand, als der es ihr vorsichtig übergibt. Mit Schwung legt die 57-Jährige die Lieferung auf die Steinplatte ihres Küchenblocks, der mitten in der Designerküche ihrer Wohnung mit Blick auf die Außenalster steht, und öffnet sie. Zum Vorschein kommt ein Bild von Emil Nolde: „Porträt einer Frau", ein Aquarell auf Japanpapier, entstanden um 1930 auf Sylt, das eine offenkundig verliebte junge Dame mit strahlend blauen Augen zeigt. „Damals wurde Noldes Haus in Seebüll gerade umgebaut, er hat sich während dieser Wochen auf der Insel in einem Apartment eingemietet und diese junge Frau dort porträtiert", rekapituliert Krümmer die Entstehungsgeschichte des Bildes. Schwärmt von der „pyramidalen Struktur" der 50 mal 30 Zentimeter großen Arbeit und ihrer farblichen Komposition („nur in den Primärfarben rot, gelb, blau"). „Das Bild sticht schon durch sein außergewöhnliches Motiv heraus", sagt Krümmer über dieses Gemälde des deutschen Expressionisten, den viele vor allem wegen seiner opulenten Blumenbilder kennen. „Eine tolle Arbeit, die mich sofort angesprungen hat."

Weil sie genau in ihr Beuteschema passt: Ob Ölgemälde, Bronzen oder Papierarbeiten – Kunsthändlerin Krümmer hat sich vor allem fokussiert auf die Darstellung der Frau in der Periode zwischen 1870 und 1950. Ihre Wohnung im noblen Hamburger Stadtteil Eppendorf ist voll mit Gemälden, Zeichnungen, Skulpturen aus dieser Periode – von Zeichnungen des Expressionisten George Grosz und Tuscheaquarellen von Ernst-Ludwig Kirchner über Ölgemälde von Max Pechstein und Lovis Corinth bis zu Skulpturen von Ernst Barlach. „Gefährten auf Zeit" nennt Krümmer sie – zu denen derzeit auch besagtes Nolde-Aquarell zählt, das wohl noch eine Zeitlang dort hängen wird. „Der Wert des Bildes wird sicher noch steigen in den kommenden Jahren", sagt Krümmer. „Aber ich lebe auch gern mit der Kunst, mit der ich handle."

Als „kleine, aber ergiebige Nische" bezeichnet Krümmer ihr Spezialgebiet, das sie vor gut drei Jahren vom leidenschaftlichen Hobby zu ihrem Beruf gemacht hat – mit 53 Jahren, nach einer Vorzeigekarriere in der Finanzbranche, in der sie es innerhalb von 25 Jahren bis zur Deutschlandchefin des amerikanischen Finanzinvestors J.C. Flowers gebracht hatte. „Ich habe mich ohne Verbitterung aus der Finanzbranche verabschiedet", sagt Krümmer, die auch heute noch über diverse Aufsichtsratsmandate bewusst Kontakt zu ihrer alten Welt hält. „Ich wollte mich dem Ruf der Kunst einfach nicht verschließen – etwas Genialeres konnte mir nicht passieren."

Seit Herbst 2010 zeigt und verkauft sie ihre Schätze auf Messen mit wachsendem Erfolg. Zuletzt auf der Kunstmesse Art Karlsruhe, wo sie schon am Eröffnungstag acht kapitale Werke verkaufte, darunter Arbeiten von Gabriele Münter, Lesser Ury und Sigmar Polke. Und ein Gemälde der Impressionisten-Ikone Max Liebermann, für 250 000 Euro. Längst melden sich Kunstinteressierte Monate im Voraus zum Besuch in Krümmers Kunstklause an, aus ihrem demnächst erscheinenden Katalog hat sie bereits zwei Arbeiten verkauft. Auch ehemalige Kollegen aus der Finanzbranche zählt Krümmer inzwischen zu ihren Kunden, „die vertrauen mir, weil sie wissen, ich spreche ihre Sprache, da kann ich dann beide Welten miteinander verbinden".

Jahrelang gab es für Renate Krümmer vor allem eine Welt: die der Zahlen. Aufgewachsen in einfachen Verhältnissen – „eine Kindheit mit Kohleöfen, aber ohne eigenes Zimmer" – tun die Eltern alles dafür, ihren Kindern eine gute Ausbildung zu finanzieren. Renate Krümmer nimmt einen Schulweg von einer guten Stunde auf sich, um statt eine weiterführende Schule um die Ecke ein renommiertes Mädchen-Gymnasium am anderen Ende der Stadt zu besuchen. Der Lebensstandard der Familien ihrer Freundinnen ist wesentlich höher als zuhause – „mein innigster Wunsch war, später auch einmal in einer so schönen Umgebung zu wohnen".

So motiviert, ergattert sie dank eines blendenden Abiturs ein Stipendium der Konrad-Adenauer-Stiftung, zählt mit dem Abschluss ihres Doppelstudiums zur Diplom-Volkswirtin und Diplom-Kauffrau zu den besten drei Prozent der Absolventen ihres Jahrgangs an der Uni Köln, promoviert mit magna cum laude. Und steigt 1984 im Münchner Büro der amerikanischen Unternehmensberatung Bain ein. Nach drei Jahren wechselt sie als Assistentin des damaligen Vorstands und Ex-SPD-Bundestagsabgeordneten und Kurzzeit-Finanzministers Manfred Lahnstein zu Bertelsmann. Lernt bei der Analyse hunderter Profitcenter von der wissenschaftlichen Zeitschrift bis zur Tiefdruckerei von Mentor und Bertelsmann-Chef Mark Wössner, „über

Branchengrenzen hinaus zu denken, Gesetzmäßigkeiten zu erkennen und zu abstrahieren". Wird zur kaufmännischen Geschäftsführerin des deutschsprachigen Arms des Bertelsmann Buch- und Musikclubs ernannt, übernimmt Anfang der 1990er Jahre die Leitung des Konzerncontrollings der Bertelsmann AG und steigt 1995 schließlich zum Finanzvorstand der Bertelsmann Buch AG auf.

Anstatt sich über die Beförderung als Lohn für harte Arbeit zu freuen, kündigt sich bei Krümmer eine Midlife-Crisis an. Sie verlässt das Unternehmen, verbessert sechs Monate lang ihr Golfhandicap – und langweilt sich doch wieder. Es folgt ein dreijähriges Intermezzo als Managing Director beim Finanzinvestor Apax, von dem sie der damalige Bertelsmann-Chef Thomas Middelhoff 2002 zurückholt und sie zur Hauptabteilungsleiterin für Fusionen und Unternehmenskäufe macht – Krümmer ist maßgeblich am Verkauf des Springer Wissenschaftsverlags und der Fusion der Musiksparten von Bertelsmann und Sony beteiligt. Erfolge, die den damaligen Commerzbank-Chef Klaus-Peter Müller auf Krümmer aufmerksam machen: Nach einem 45-minütigen Gespräch im 48. Stock des Commerzbank Towers in Frankfurt wechselt Krümmer 2004 als Leiterin des Controllings und der Konzernentwicklung zur Commerzbank, restrukturiert das Investmentbanking. Und ist unter Kollegen gefürchtet: „Wenn die Krümmer fragt und nicht aufhört", so ein Vorstands-Bonmot aus dieser Zeit, „ist das ein schlechtes Zeichen."

Die stehen Ende 2006 wieder auf Trennung – Krümmer wechselt als Deutschlandchefin zum US-Finanzinvestor J.C. Flowers, der gerade in den deutschen Bankenmarkt eingestiegen war – und damit auf die Nase fällt: Investments bei der HSH Nordbank und der Hypo Real Estate enden im finanziellen Desaster, weitere geplante Zukäufe werden im Zuge der sich ausweitenden Finanzkrise abgesagt. Krümmer und Flowers trennen sich schließlich Ende März 2009, Krümmer nimmt sich eine mehrmonatige Auszeit, um über ihre Zukunft nachzudenken.

Das Kunstvirus hatte sie da schon längst im Griff. Ihr erstes Bild: eine Grafik des Expressionisten Conrad Felixmüller, Geschenk ihres damaligen Mannes. „Er hatte mir zuvor gern Schmuck geschenkt", sagt Krümmer. „Von nun an wollte ich lieber ein Bild." Bald kommt eine Bleistiftzeichnung des Kolumbianers Botero hinzu, und auch wenn diese ersten Arbeiten heute längst wieder verkauft sind: Der Grundstein für Krümmers Kunstleidenschaft und Sammlung ist gelegt. In jeder freien Minute besucht Krümmer Museen, auch auf Dienstreisen, gerade in New York. „Während Kollegen und Geschäftspartner mittags zum Lunch ins Restaurant gegangen sind", erinnert sich Krümmer, „habe ich mir die neuesten Ausstellungen im Guggenheim Museum oder im Museum of Modern Art angesehen."

Vor allem für die klassische Moderne – die Periode vom Ende des 19. bis etwa zur Mitte des 20. Jahrhunderts – entwickelt Krümmer ein Faible. „Die meist abstrakte, zeitgenössische Kunst hat mich emotional nie stark berührt", sagt Krümmer. „Ich war immer ein Freund des Figurativen."

Dass sich vor allem Frauenbildnisse zum Kern ihrer privaten Sammlung entwickeln, hat neben dem sich stark verändernden, auch malerisch dokumentierten Rollenbild der Frau in dieser Zeit und der stilistischen Weiterentwicklung vieler Künstler in dieser Periode, ihrem Bruch mit der alten Kultur und einem neuen Selbstbewusstsein der Künstler einen ganz rationalen Grund: „Was bei Immobilien die Lage ist, heißt bei Bildern ‚Kernperiode und attraktivstes Sujet' – also gilt: Pferde sind besser als Kühe, Personen besser als Landschaften, Frauen interessanter als Männer", sagt Kauffrau Krümmer. „Und da ich mit der Kunst immer meine Pension aufbauen wollte, konnte ich mein Geld ja nicht einfach verplempern."

Also unterzieht sie jede Arbeit, die mehr als 10 000 Euro kostet, einer ausführlichen Prüfung – so, wie sie es aus ihrer Finanzzeit gewohnt ist. Ist die Arbeit im Werkverzeichnis des Künstlers aufgeführt? Wo war es schon ausgestellt? Gibt es eine Expertise, die die Echtheit des Werks bestätigt? Stammt es aus der Kernperiode des Künstlers? Hat es einen biografischen Bezug zu seinem Lebensweg? „Da kaufen viele Anleger Wertpapiere fahrlässiger." Von Werken aus anderen Perioden, die sie immer mal wieder „aus kunsthistorischer Neugier" erworben hatte – von ägyptischen Antiken über italienische Gemälde aus dem 16. Jahrhundert bis hin zu zeitgenössischen abstrakten Gemälden – trennt sie sich konsequent, „um Kapital freizuschaufeln für mein Kernthema".

Krümmer fährt gut mit ihrer Strategie: Den Wert eines Mädchen-Gemäldes von Karl Hofer, vor sieben Jahren noch für rund 60 000 Euro zu haben, schätzt Krümmer heute auf 150 000 bis 200 000 Euro. Ein Stillleben des gleichen Künstlers habe sich im gleichen Zeitraum nur von 30 000 auf rund 50 000 Euro entwickelt. Oder ein gutes „Brücke"-Aquarell, das der Expressionist Erich Heckel 1910 von seiner Frau Sidi gefertigt hat: Kostete es vor fünf Jahren noch um 30 000 Euro, wäre es heute kaum unter 100 000 Euro zu haben.

„Die Leute stürzen sich seit dem Ausbruch der Finanzkrise vor fünf Jahren auf solche Sachwerte", sagt Krümmer. „Man muss nur zuwarten können."

So trägt Krümmer in den gut 15 Jahren bis zu ihrem Ausscheiden bei J.C. Flowers im Frühjahr 2009 eine erkleckliche Zahl hochkarätiger Werke zusammen. Und beginnt sich mit der Idee anzufreunden, die Passion zum Beruf zu machen. Den Ausschlag gibt, im Herbst 2009, schließlich ausgerechnet die Suche nach einem Silberservice aus der Art-Déco-Zeit, bei der Krümmer auf den Onlineseiten eines englischen Auktionshauses auf ein Werk von Dodo stößt. „Obwohl ich von der Künstlerin noch nie etwas gehört hatte, war ich sofort elektrisiert", erinnert sich Krümmer. Sie erwirbt die Arbeit für rund 6000 Euro. Und heftet sich auf die Spuren dieser Berliner Intellektuellen, die in den 1920er Jahren für renommierte Satire-Zeitschriften wie den „Ulk" zeichnet, mit Marlene Dietrich verkehrt, vor den Nazis nach Großbritannien fliehen muss, wo sie in Vergessenheit gerät und 1998 verarmt stirbt, mit 91 Jahren. Krümmer kauft alle Dodo-Arbeiten, die sie auf dem Markt auftreiben kann, entdeckt über eine Dissertation Werke von Dodo in der Berliner Nationalgalerie, nimmt Kontakt mit Dodos Familie auf, veröffentlicht eine Monografie über die Künstlerin. „Dodo entdeckt zu haben, war für mich nicht nur der berühmte Wink mit dem Zaunpfahl", sagt Krümmer, „sondern einer mit der ganzen Eiche."

Um nicht mit emotionalem Hurra ins finanzielle Verderben zu laufen, beginnt Krümmer sich – wie sie es aus ihrer bisherigen Tätigkeit gewohnt war – die richtige Strategie für eine Punktlandung im Kunstmarkt zurechtzulegen. „Das war nichts anderes als eine klassische Due Diligence", beschreibt Krümmer in gewohntem Finanz-Vokabular ihre Vorbereitung auf die Selbstständigkeit in der Kunst, „dafür war ich zu lange rational denkende Kauffrau."

Auf Messen macht sie sich ein Bild von den Portfolios und Ständen anderer Händler, sondiert Marktpreise, lässt ihre Sammlung von renommierten Fachleuten begutachten – darunter Museumsdirektoren und die Manager führender Auktionshäuser. Als die allesamt Krümmer „ein gutes Auge für die Kunst" bestätigen und sie erkennt, dass sie auch kommerziell meist auf die richtigen Stücke gesetzt hat, wagt sie den Branchenwechsel. Lehnt Jobangebote aus der Finanzwelt ab, gründet Krümmer Fine Arts. Und bereitet ihren ersten Messeauftritt vor – auf der renommierten Cologne Fine Art & Antiques im November 2010. Entscheidet sich bewusst dafür, nur mit absoluten Spitzenwerken anzutreten, sich auch schweren Herzens von erklärten Lieblingsstücken zu trennen. „Wenn mir das Herz blutet, blutet es eben", sagt Krümmer. „Ich wollte mich ja etablieren."

Krümmer scheut auch nicht die Kosten für die Produktion eines Katalogs, den sie gemeinsam mit einer Kunsthistorikerin gestaltet und der Werke auf dem Stand ausführlich dokumentiert. „Ich wusste, mein erster Auftritt muss sitzen, bis aufs i-Tüpfelchen – und ich war gerüstet bis unter die Nasenspitze", sagt Krümmer. Und bekommt schon beim Aufbau – da hängen die Bilder noch gar nicht an den Wänden ihres Standes – anerkennende Kommentare renommierter Kollegen. Um 14 Uhr beginnt die Vernissage, um 14.20 Uhr ist das erste Bild verkauft – an einen anderen Händler. „Offenbar", so die Lehre, die Krümmer daraus zieht, „war der Preis zu niedrig."

Ob Köln, München oder Karlsruhe: Krümmer hat auf Messen Erfolg, macht sich mit ihrem exquisiten Angebot schnell einen Namen in der Branche, Galerien, Sammler, Museen haben sie in kürzester Zeit als Partnerin auf Augenhöhe akzeptiert. Die von ihr entdeckten Dodo-Werke waren im vergangenen Jahr bereits in einer dreimonatigen Ausstellung in Räumlichkeiten der Staatlichen Museen zu Berlin zu sehen. Vor kurzem hat die Hamburger Kunsthalle mit Krümmer eine Leihgabe aus ihrem Bestand vereinbart. Und gerade hat Krümmer exponierte Galerieräume an den renommierten Hamburger Landungsbrücken eröffnet. „Die Zeit dafür ist jetzt reif", sagt die 57-Jährige und lässt ihren Blick über eine Skulptur schweifen, die auf ihrem Wohnzimmertisch steht – „Die tanzende Alte", ein Werk des Bildhauers Ernst Barlach aus dem Jahr 1920.

„Wenn ich mal so alt bin wie diese Frau und immer noch so fröhlich", sagt Krümmer, „dann habe ich es richtig gemacht."

Voll im Saft

Peter Studhalter

Ob als Drehbuchautor oder TV-Manager: Filme waren stets Peter Studhalters Lebensinhalt. Bis er, nach einer Umstrukturierung, seinen sicheren Posten beim Schweizer Fernsehen kündigt. Und mit 50 noch einmal einen Neuanfang wagt – als selbstständiger Gesundheitsapostel.

Ein halber Kopf Wirsing, dazu Mango und Ingwer, und zum Schluss ein Bund Koriander: In Sekundenschnelle hat er die Zutaten geschält und geschnippelt, dann rein damit in den Mixer, alle Zutaten dreißig Sekunden püriert, danach die Maische mit dem Löffel noch etwas durchs Sieb gedrückt – und fertig ist Saft Nummer 5. Giftgrün sieht er aus – lecker, aber irgendwie auch ein bisschen gefährlich. Mit routiniertem Schwung füllt Peter Studhalter den pürierten Saft in eine Halbliterflasche um und stellt sie zu den gut drei Dutzend Flaschen, die er schon befüllt hat – mit dunkelroten, knallig orangen oder eben giftgrünen Kombinationen. „Ein austreibender Saft", erklärt er, nimmt zwischendurch einen Schluck heißes Ingwerwasser und wischt mechanisch die Arbeitsplatte sauber. „Der ist was für Fortgeschrittene."

Seit halb fünf Uhr morgens steht er schon in seiner Profiküche im Kölner Stadtteil Sülz, die mit ihren in Neonlicht getauchten Arbeitsplatten, Kühlschränken und Regalen aus Edelstahl, den blitzenden Profimessern und dem weiß gefliesten Boden an eine Mischung aus Labor und Operationssaal erinnert. Mittendrin steht Studhalter, der mit seiner schwarzen Schürze und den weißen Gummihandschuhen auch als Chirurg oder Forscher durchgehen könnte, schält im Akkordtempo Möhren, Äpfel, Rote Beete. Mixt sie mal mit Ingwer, Chili oder Meerrettich – alle Zutaten ausschließlich aus biologisch kontrolliertem Anbau. Und produziert so Flasche um Flasche mit seinen gesunden Säften. An der Wand, vor seinen Augen hängen die Rezepte für ein halbes Dutzend Saftkombinationen – doch drauf schauen muss er eigentlich nicht mehr. Längst kann er die Mixturen auswendig.

„Detox to go" steht in mintgrüner Schrift auf dem Glas – der Name von Studhalters Start-up ist Programm: Denn die neonfarbenen Säfte, die Studhalter jeden Morgen aus Obst und Gemüse der Saison frisch zubereitet, sollen nicht nur gut aussehen und ebenso schmecken. Sie sollen auch den Körper reinigen. Entgiftung frei Haus – zumindest eine Woche lang, in der die Kunden nichts anderes zu sich nehmen als Studhalters flüssige Nahrung.

50 Flaschen stehen um kurz vor sieben auf dem Arbeitstisch in der Mitte der Küche – je zehn einer Sorte Saft, außerdem eine Suppe, die Ration für einen Tag. Noch einmal die Arbeitsflächen saubergewischt, die Spülmaschine angeworfen – nach zweieinhalb Stunden gönnt sich Studhalter erstmal einen

Kaffee. Kaum fünf Minuten später geht es aber schon ans Verpacken. Im nebenliegenden Büro ist schon alles vorbereitet: Stabile Papiertüten mit Firmenlogo stehen in Reih und Glied auf dem Tisch, in jede kommen vier Sorten Säfte und eine Portion Suppe, dazu ein Plastiksäckchen mit Trinkhalmen. Außerdem ein kleines Päckchen Nüsse. „Eine Notration", sagt Studhalter. „Wenn es einer gar nicht mehr aushält vor Hunger."

Punkt Viertel nach sieben schleppt Studhalter die Kiste mit den Tüten im Laufschritt ins Auto und fährt los. Ein paar Minuten später ist er beim ersten Kunden angelangt, der wartet schon vor der Tür, nimmt freudestrahlend die Tagesration für seinen Lebensgefährten entgegen. „Wichtige Zielgruppe", sagt Studhalter, als er wieder ins Auto steigt. „Denen ist gesunde Ernährung oft sehr wichtig."

Seit einem halben Jahr arbeitet der 51-Jährige jetzt im Dienste der Gesundheit – und auf eigene Rechnung. Ein Gefühl, das er viele Jahre nicht mehr kannte – und auch nicht damit gerechnet hat, dass es nochmal eine Rolle spielen würde in seinem Leben.

Mehr als zwanzig Jahre war Studhalter dafür verantwortlich, anderen den Feierabend zu versüßen – nicht mit Essen, sondern mit TV-Kost. Erst als Drehbuchautor, dann als Redakteur. Jahrelang produzierte und kaufte er Spielfilme und Serien, die abends auf der Mattscheibe flimmern – erst beim deutschen Privat-TV-Primus RTL, zuletzt beim Schweizer Fernsehen, wo er unter anderem zuständig war für die Produktion des Schweizer Tatorts. Was anfangs wie das Erklimmen eines weiteren Karrieregipfels scheint, entpuppt sich als Anfang vom Ende seiner TV-Karriere: Im Zuge radikaler Umstrukturierungen des eidgenössischen Staatsrundfunks entscheidet er sich, seinen Job aufzugeben – „da musste ich mir was überlegen".

Ein paar Monate denkt er über seine Zukunft nach, recherchiert, stößt schließlich auf Entgiftungskuren, deren Rezepte er mit Hilfe einer Lebensmittelwissenschaftlerin immer weiter verfeinert. Und entscheidet sich, mit Ende 40, für einen Neuanfang und den Sprung in die Selbstständigkeit. „Es ist nicht einfach, macht viel Arbeit", sagt Studhalter, „aber ich bin glücklich."

Glücklicher offenbar als so manche Ex-Kollegin aus dem TV-Business, die er mittlerweile auch mit seinen Säften beliefert. „Ich beneide Dich", habe eine frühere Mitarbeiterin ihm neulich anvertraut, als er seine Säfte in den

Sender lieferte. „Du kannst jetzt hier wieder raus, und ich bin immer noch drin."

Drin im Hamsterrad des Berufs, das war Studhalter selbst, jahrzehntelang. Und raus – das wollte er auch, immer mal wieder. Zum ersten Mal mit 28. Damals lebt der Schweizer, der schon als Germanistikstudent als freier Texter gejobbt, nach dem Studium aber kurz als Lehrer gearbeitet hatte, in seiner Heimatstadt Luzern am malerischen Vierwaldstätter See. Verdient als Mitinhaber einer kleinen, aber sehr gut gehenden Werbeagentur „viel Geld" und zahlt kaum Steuern – zu den Kunden zählten damals die Schweizer Dependance des Jeans-Labels Levi's oder der Schweizer Kult-Kaugummi Stimorol, der in seiner Heimat einen Ruf hat wie Coca-Cola. Weil er bei einem abendlichen Spaziergang am Seeufer feststellt, „dass mir hier nichts mehr passieren kann – nicht mal überfallen wird man hier", beschließt er, sich noch mal zu verändern. Auch, weil er befürchtet: „Mit dreißig macht man das nicht mehr."

Das heißt: raus aus der Schweizer Komfortzone, ab nach Frankfurt. Studhalter wechselt in die Agentur eines Schweizer Freundes – und merkt nach zwei Jahren: Er braucht eine neue Herausforderung. „Wenn ich was kann", erklärt Studhalter seine Devise, „hör ich damit auf."

Sein neues Ziel: Drehbuchautor. Also steigt er aus der Werbeagentur aus und hört sich um. Weil er fest darauf vertraut, „dass Du immer im Leben die Leute kennenlernst, die Du kennenlernen musst und brauchst in Deiner Situation".

Er schreibt neun Monate vor sich hin, keiner nimmt davon Notiz – bis sich sein Gottvertrauen bezahlt macht: Studhalter lernt einen Produzenten kennen, der ihn als Ghostwriter vermittelt. Er textet für die ZDF-Serie „Verschollen" und die SAT-1-Schmonzette „Hallo Onkel Doc". Und veröffentlicht seine Drehbücher schließlich unter eigenem Namen. Die Produktionsfirma Ufa Grundy holt ihn als Script Editor für die Endlos-Soap „Unter uns". Neben seinem 80-Wochenstunden-Job – er beobachtet die Dreharbeiten, korrigiert über eine Standleitung in den Schnittraum die Fehler – schreibt er am Wochenende noch Soap-Bücher. „Da", sagt er, „lernt man arbeiten."

Und Geld verdienen: Für vier Drehbücher, die er am Pool eines Ferienhauses auf Mallorca schreibt, bekommt er eine sechsstellige Summe. Studhalter liebäugelt mit dem Kauf eines Maserati, „das hätte gut so weitergehen können". Tut es aber nicht: Sein Freund und Auftraggeber wechselt als Spielfilmchef zu RTL – und überzeugt Studhalter, mitzukommen. Also wechselt er Anfang 1998 als Spielfilm-Redakteur zu Deutschlands führendem Privatsender. Liest dort Manuskripte für Filme, prüft sie auf Umsetzbarkeit, realisiert sie gemeinsam mit den Produktionsfirmen. Oder entwickelt selbst „Themen, die damals in der Luft lagen"– von Melodramen wie „Versprich mir, dass es den Himmel gibt" bis zum Event-Zweiteiler „Die Sturmflut" – die rund zehn Millionen Euro teure Produktion setzt mit einem Marktanteil von knapp 40 Prozent eine Benchmark für dieses Genre. Bis zu 15 vom Sender selbst produzierte Filme entstehen so jedes Jahr, die Redaktion verfügt über ein Jahresbudget von 150 Millionen Euro. „Es herrschte Goldgräberstimmung", erinnert sich Studhalter: „Nehmen wir den Flieger oder doch den Hubschrauber – das waren damals die größten Sorgen."

Das ändert sich schlagartig, als RTL sein Geld statt in aufwändig selbst produzierte Spielfilme in die Übertragung der Fußball-Championsleague steckt. Studhalters Budget reduziert sich um 75 Prozent, mehr als sechs Filme pro Jahr sind nicht mehr drin. Wo andere bequem die Füße hochgelegt hätten, kündigt er: „Mir war einfach zu langweilig."

Also macht sich Studhalter wieder selbstständig, schreibt Drehbücher. Und lässt sich nach zwei Jahren zur Rückkehr überreden. Fängt im Dezember 2001 an, verantwortet erst die TV-Filme, später auch die Serien. Unter seiner Ägide entstehen Straßenfeger wie „Die Sturmflut". Drei Jahre bleibt er, dann ist er wieder raus. Schreibt drei Jahre wieder Drehbücher – als überraschend die Heimat ruft: Das Schweizer Fernsehen sucht einen Spielfilm- und Serienchef, Studhalter bespricht sich mit Frau und Kindern – und sagt zu. Der Plan der Studhalters: „Wir lassen es mal drei, vier Jahre laufen, dann entscheiden wir, ob die gesamte Familie in die Schweiz kommt."

Im Januar 2009 startet Studhalter in Zürich. Mit Erfolg: Unter Studhalters Ägide gewinnt das Schweizer Fernsehen Preise bei TV-Festivals wie etwa in Baden-Baden. Als zwei Jahre später Radio und Fernsehen in der Schweiz fusionieren, scheint Studhalters Aufstieg nur konsequent und nicht zu bremsen: Er soll nun auch noch den Spielfilmeinkauf übernehmen.

Zwei Jahre hatte er zum damaligen Zeitpunkt in sein Hauptprojekt gesteckt – die Wiederbelebung des Schweizer Tatort. Um das Vertrauen der Spielfilmchefs von ARD und ORF gekämpft – bis sie anerkennen, „dass der RTL-Mann was von Qualität versteht". Er setzt ein anspruchsvolles Drehbuch und einen attraktiven Ausstrahlungstermin durch, als Studhalters neuer Chef dazwischenfunkt – ein Ex-Radiomann, der im Zuge der Senderfusion an die Spitze gelangt war: „Der wollte eine machtpolitische Duftmarke setzen", mutmaßt Studhalter. Offiziell „aus qualitativen Mängeln" zieht der Schweizer Fernsehchef den von der ARD schon abgenommenen Film zwei Monate vor Ausstrahlungstermin wieder zurück, lässt ihn überarbeiten. Studhalter erfährt das alles erst aus der Presse, will sich bei seinen langjährigen Partnern von der ARD für das Chaos entschuldigen – was ihm sein neuer Chef verbietet.

„So konnte ich nicht leben", sagt Studhalter. „Ich muss frei und professionell arbeiten können." Selbst das Angebot, als Ansprechpartner für die ARD im Sender zu bleiben, ändert nichts an Studhalters Entschluss. Er verlässt Sender und Land zum Jahresende 2011, ist auch menschlich enttäuscht – „aus der Zeit sind mir nur ein paar wenige Freunde geblieben".

Kurz vor seinem 50. Geburtstag kehrt Studhalter also zur Familie nach Köln zurück – auch, um den Alltag zuhause erst mal wieder ganz neu kennenzulernen: Begleitet die Kinder zum Kindergarten und in die Schule, bringt sie zum Arzt, besucht regelmäßig die Fußballspiele seiner Söhne am Wochenende. Verschafft so seiner Frau mehr Luft zum Arbeiten – und genießt es, „drei, vier Monate einfach mal nichts zu machen".

Ende 2011 stolpert er schließlich über ein Magazin mit Berichten über Essen, Gastronomie und Lebensmittel, das voller Porträts ist von Menschen, die aus ihrem angestammten Beruf ausgeschieden sind und jetzt erfolgreich Cafés betreiben, eigenen Senf herstellen, Whisky brauen. Unter den Porträtierten entdeckt Studhalter auch eine Frau, die Saftkuren anbietet – in München, Berlin, Dubai, Zürich, Paris. „So eine Entgiftungskur wollte ich immer mal ausprobieren", erinnert sich Studhalter, „aber dafür nicht zwei Wochen nach Indien fahren." Also liest er Bücher zum Thema, besucht die Unternehmerin in München, probiert deren Kur eine Woche aus, ist fasziniert. Und beschließt, sich vom Fernsehgeschäft zu verabschieden.

„Ich hatte schon lange den Wunsch, mich beruflich mit Kaffee, Wein, Lebensmitteln zu beschäftigen", sagt Studhalter, seit Jahren begeisterter Hobbykoch und im Freundeskreis auch für seine Kochkünste sehr geschätzt. Also vertieft er seine Kenntnisse zum Thema Entgiftung, rechnet den zeitlichen und finanziellen Aufwand für den Sprung in die Selbstständigkeit durch. Er nimmt Kontakt auf mit einer Ernährungsberaterin aus Wien, die sich auf diesen Bereich spezialisiert hat, lässt sich von ihr detailliert Rezepte für seine Säfte ausarbeiten. Und kann mittlerweile alle Fragen seiner Kunden rund zum Thema Gesundheit beantworten – zum Beispiel, ob sie die Kur mit ihrer Disposition überhaupt vertragen.

„Detox to go" nennt Studhalter sein junges Unternehmen. Und entwickelt zusammen mit einem befreundeten Designer aus der Schweiz Logo, Website, Werbeflyer und Menükarten zu einem stimmigen Gesamtbild. „Ich wollte es professionell machen", sagt Studhalter, „von A bis Z." Drei Monate dauert allein die Suche nach der richtigen Tüte – aus Altpapier sollte sie sein, aber stabil wie Plastik, mit dem Logo nicht nur außen, sondern auch innen auf dem verstärkten Tütenboden. Fast ebenso aufwändig: Die Suche nach Menükarten, die gut aussehen, sich gut anfassen, ohne die Rendite empfindlich zu schmälern. Längst hatte er da schon eine Saftmaschine besorgt, zu Hause die Saftrezepte ausprobiert und ständig variiert – mal ist das Ergebnis zu bitter, mal zu dünn-, mal zu dickflüssig. Mehr als zwei Monate probiert er aus, bis er mit Geschmack und Konsistenz seines Angebots zufrieden ist.

„Ich wusste, so kann es klappen, das ist fundiert", sagt Studhalter. „Jetzt konnte keiner mehr sagen: ,Der macht irgendwie in ,Bio'." Bestärkt fühlt sich Studhalter in seinem Vorhaben auch durch einen Ex-Kollegen, der in Hamburg einer Marktfrau, die in Ruhestand gegangen war, einen Eierstand abgekauft hatte – „der war damit total glücklich, kam finanziell sehr gut klar".

Weil es aus hygienischen Gründen verboten ist, Lebensmittel, die man professionell vertreibt, zuhause zuzubereiten, macht sich Studhalter außerdem auf die Suche nach einer externen Küche. Passt der Raum, erntet er mit seiner Geschäftsidee oft nur Kopfschütteln („Wieso geben Sie Ihren tollen Job auf, um Säfte zu pressen?", „Wie wollen Sie denn damit die Miete bezahlen?"). Bis er auf seinen jetzigen Vermieter stößt („endlich mal eine neue, pfiffige Idee"), der ihm eine ehemalige Eckkneipe anbietet. Mietbeginn: 1.

Juni 2012. Bevor er loslegen kann, muss Studhalters Frau, gelernte Architektin, Wände versetzen, Leitungen und Böden verlegen und Wände streichen.

Im Herbst 2012 schließlich, knapp ein Jahr nach dem Abschied aus dem Schweizer Fernsehen, geht es offiziell los. Studhalter produziert die ersten Säfte, die ersten Bestellungen gehen ein. Selbst lukrativste Angebote, wieder ins TV-Geschäft zurückzukehren, können Studhalter nicht mehr von seinem Schritt abhalten. Darunter auch die Möglichkeit, internationale Co-Produktionen für einen großen deutschen Sender zu koordinieren – mit Millionen-Budget, kleinem Team und freier Zeiteinteilung. „Einer der letzten sexy Jobs in der Branche", schwärmt Studhalter. Und sagt doch ab – weil er mehr Zeit mit der Familie verbringen möchte. „Renommee und Geld", sagt Studhalter, „sind eben nicht alles im Leben."

Insight
Auf der Reise zu sich selbst

O mnia mea mecum porto" (Alles, was mein ist, trage ich mit mir), wusste der römische Staatsmann und Philosoph Marcus Tullius Cicero (106–43 v. Chr.). Unser Wissen und Können, unsere in uns schlummernden Fähigkeiten, unsere Eigenschaften und unsere Lebenswerte tragen wir in uns, sie machen uns aus. Bisweilen sind aber unsere eher verborgenen Potenziale in den oft von großer Eile geprägten Jahren des sich beruflichen Findens, des Aufstiegs, der Etablierung – auch privater Natur – in ein Nebengelass unseres Bewusstseins verbannt worden. In der Rushhour unseres Lebens dominiert im Regelfall die Unmittelbarkeit dessen, was jetzt zu tun ist, über das tiefergehende Reflektieren darüber, was sein könnte.

„Der Kreis schließt sich", schreibt der Hirnforscher Ernst Pöppel (Pöppel 2012) im Buchkapitel „Ich werde älter und beginne etwas Neues". Nach seiner Emeritierung schien ihm für eine Lebenssekunde die Welt stillzustehen – was nun? Dann erinnerte er sich daran, dass er immer gerne (und auch gut) gezeichnet hatte, seine Zeichnungen aus jungen Jahren tauchten vor seinem inneren Auge auf – und in einem seelisch-gedanklichen Reifungsprozess wuchs die Idee, diese zwar lange Jahre ins Abseits geratene, aber nie verlorene Neigung neu zu kombinieren: mit den Erkenntnissen eines langen und erfüllten Wissenschaftlerlebens. So entstand „Art & Science", ein Forschungs- und Veranstaltungsformat, in dem im Rahmen der Parmenides-Stiftung unter anderem Kulturen übergreifend neurologische Prozesse im künstlerischen Schaffen untersucht werden (http://www.parmenides-foundation.org/research/art-and-science). Auch für Porträtpartnerin **Maren Bartz** hat sich der Kreis geschlossen: Blitzartig kam ihr die Erkenntnis, womit sie wirklich glücklich sein könnte, als sie sich an ihre früheste Kindheit erinnerte – und wie gern sie in der Stofftruhe ihrer Großmutter gewühlt hatte.

• •

IMPULSE AUS DER WISSENSCHAFT

Ich-fernes und ich-nahes Wissen

Auf Pöppel geht die begriffliche Einteilung in das explizite, das implizite und das bildhafte Wissen zurück (Pöppel 2012).

→ Explizites Wissen spiegelt sich im „ZDF-Prinzip": Zahlen, Daten, Fakten. Es ist das Wissen, das wir uns in unserem Leben angeeignet haben, auf das wir als im Gehirn gespeichertes Datenmaterial zurückgreifen und das wir mit anderen teilen können. Der Hirnforscher nennt es ich-fernes Wissen.

→ Unser implizites Wissen äußert sich in unseren Empfindungen zu Geschehenem, seelischer und körperlicher Natur. Ob wir etwas als angenehm oder unangenehm in Erinnerung haben, gehört zu unserem impliziten Wissensschatz. Pöppel nennt es ich-nahes Wissen.

→ Bildhaftes Wissen ist in Gestalt von Episoden, gleich Filmausschnitten aus unserem Leben, wie in unser Gehirn gescannt; auch dieses Wissen ist ein ich-nahes Wissen. Im Fall des Chefarztes, den wir in der Einführung dargestellt haben, sind wohl alle drei Wissensströme in dem entscheidenden Moment der Diagnose zusammengeflossen.

· ·

Die Vereinigung, das Zusammenfließen von ich-fernem und ich-nahem Wissen im Scheitelpunkt der Erkenntnis, ist die Intuition. Besonders in Entscheidungsprozessen, die wir in der Phase „Select/Die Ja-aber-Spirale" vertiefen werden, spielt die Intuition eine sehr wichtige Rolle. Wir können nicht alles und vor allem nicht die wichtigen Weggabelungen in unserem Leben ausschließlich auf rationaler Ebene lösen. „Es gibt keine kalte Kognition", nennt das der Kognitionspsychologe Markus Kiefer im *ZEIT*-Interview (Harro 2012), „um das Richtige zu tun, brauchen wir auch das richtige Gefühl dafür."

Bestandsaufnahme in der Lebensmitte – Können, Wollen, Sein

Das Eintauchen in die Tiefen Ihres ich-nahen Wissens ist ein absolut individuelles Geschehen. Mit unseren gedanklichen Impulsen möchten wir Sie ermuntern, diese Introspektion zu wagen, sich auch die Muße dafür zu nehmen; angesichts der Lebensmitte dürften sich hier wahre Schätze verbergen. Um Ihnen den Zugang zu erleichtern und sich mithilfe von Definitionen bislang vielleicht ungeahnte Blickwinkel zu erschließen, bieten wir Ihnen eine

Begriffsskala zum gemeinsamen Verständnis an. Betrachten Sie diese als eine Art Fixseil, an dem sich der Kletterer am Berg sicher entlang bewegt. Die jeweiligen Knotenpunkte am Fixseil definieren wir als Kompetenzen, Fähigkeiten, Eigenschaften und Werte.

→ Den vielschichtigen Kompetenz-Begriff nutzen wir hier im Sinne von Wissen und Fertigkeiten, die wir im Verlauf unseres Lebens erworben haben, die erlernbar sind. In welchem Maße ein Mensch sich mit seinen Kompetenzen identifiziert, korreliert mit seinen Fähigkeiten, seinen Eigenschaften und seinen Motiven.

→ Eine Fähigkeit ist etwas tief in uns Angelegtes. Ein Identifikationsmoment liegt im Handeln, in der Reaktion auf ein bestimmtes Situationserfordernis. Entscheidet sich der Mensch im Handlungskontext für A statt für B, ist davon auszugehen, dass A seinen in ihm bereits angelegten Fähigkeiten und damit seiner Art der Intelligenz mehr entspricht. Manche Fähigkeiten können aber wie im Fall des Emeritus Pöppel über Jahre hinweg aus dem Blickfeld geraten.

→ Eigenschaften zeigen sich in der Art des Verhaltens, sie sind ein Wesensmerkmal. So stehen sich etwa der impulsive und der bedachtsame Charakter als Antipoden gegenüber.

→ Unsere Werte stehen für tiefverwurzelte Lebenseinstellungen, auf die wir später noch differenziert eingehen, darauf, „was Ihnen wirklich wichtig ist". Ist Ihnen beispielsweise Ungebundenheit wichtiger oder Sicherheit?

Kompetenzen unter der Lupe – auch Nicht-Berufliches zählt

In all den Jahren des Eingespanntseins gerät die Konzentration auf sich selbst, auf das eigene Können, die Fähigkeiten und die Einstellung zu den Dingen, nicht selten aus dem Blickwinkel: Wissen Sie jenseits des Funktionierens (noch), was Sie besonders macht? Jetzt, in einem Lebensmoment, in dem Sie über eine grundlegende Veränderung nachdenken, ist dieses Schauen auf sich selbst von höchstem Wert. Und gewiss von großer Spannung und Entdeckerfreude begleitet. Ein wenig so, als öffneten Sie auf einem lange nicht genutzten, verstaubten Dachboden alte Schränke und Kommoden, in denen früher Vertrautes Ihnen nun Ausrufe des Erstaunens, der Wiedersehensfreude entlockt. Suchen Sie in den schon lange nicht mehr geöffneten Schubladen

Ihrer Erinnerung zunächst nach Ihrem expliziten Wissens- und Erfahrungsschatz, später nach dem, was Sie implizit ausmacht.

• •

GEDANKENAUSFLUG

Ihr Wissensprofil

→ Über welches Fach-Know-how verfügen Sie, bedingt durch Ihre berufliche Expertise, durch Weiterbildungen et al.?

→ In welchem Maße verfügen Sie über Komplementärwissen zu Ihrem beruflichen Tun? So könnten Sie als Referatsleiter internationale Kongresse organisiert und viel Wissen über kulturelle Spezifika gewonnen haben. Oder Sie haben sich in Ihrem früheren IT-Bereich intensiv mit den Sozialen Medien und den dort geltenden Kommunikationsregeln auseinandergesetzt. Nur zwei Beispiele, an denen deutlich wird, welche möglichen neuen Tätigkeitsfelder sich durch Komplementärwissen auftun können.

→ Welche Wissensgebiete interessieren Sie weit über Ihre beruflichen Kernaufgaben hinaus? Als IT-ler sind Sie beispielsweise von der Altertumsforschung fasziniert? Bestimmt fallen Ihnen schon bei diesem Gedankenausflug wegweisende Kombinationen einer beruflichen Koppelung ein.

• •

Bereits bei diesen Überlegungen spielen auch Ihr Arbeitsstil und Ihre Herangehensweise an neue Sachverhalte eine Rolle; als eher systematischer Charakter dürften andere berufliche Herausforderungen für Sie interessant und vor allem adäquat sein, als wenn bei Ihnen eine neue Idee der gerade geborenen schon wieder den Rang abläuft. Desgleichen lohnt sich bereits ein genauerer Blick auf Fähigkeiten (die wir in Folge noch genauer betrachten), die Ihnen bislang vielleicht gar nicht präsent waren. Etwa weil sie eher in privaten Kontexten angesiedelt waren oder sind – und Sie deswegen keine gedankliche Verbindung zu Ihrer beruflichen Neuorientierung gezogen haben.

→ Vielleicht haben Sie Ihren Beruf lange Zeit nicht ausgeübt, dafür aber eine Familie mit vier Kindern gemanagt? Die vielfältigen Anforderungen zu koordinieren, erfordert großes Organisationstalent, Durchsetzungsfähigkeit, aber auch Einfühlungsvermögen für differenzierte Bedürfnisse. So hat sich die aus Belgien gebürtige Danielle von Meyer mit 55 Jahren, als alle Kinder im Studium waren, entschlossen, nach Jahren beruflicher Abstinenz noch einmal einen Neustart als Selbstständige zu wagen. Sie nahm an einem Existenzgründungskurs teil. Heute organisiert sie als Stadtführerin mit viel Zuspruch Führungen für französische Touristen in deren Muttersprache (www.clefs-de-berlin.com).

→ Vielleicht haben Sie sich in einem Skikurs um die eher Ängstlichen gekümmert, die dann mit Ihrer Unterstützung auch die steile Piste sicher hinunterkamen? Dies könnte ein Hinweis darauf sein, dass Sie Menschen gut durch schwierige Situationen lotsen können und Empathie zu Ihren prägenden Eigenschaften zählt.

→ Vielleicht haben Sie auch einmal an einem Kurs für Videotechnik oder Bildhauerei teilgenommen und erstaunt festgestellt, wie kreativ Sie waren, oder Sie haben als Schöffe bei Gericht gearbeitet und dort entdeckt, dass Sie eine große Neigung zu sorgfältigem Abwägen haben?

→ Vielleicht spielen Sie leidenschaftlich gerne eine Mannschaftssportart wie Handball und haben bei Meisterschaften sogar schon Preise errungen? Reaktionsschnelligkeit und Beobachtungsgabe, die einen guten Mannschaftsspieler auszeichnen, sind auch im beruflichen Kontext wertvolle Eigenschaften.

●●

GEDANKENAUSFLUG

Mein Verhalten jenseits des Arbeitsplatzes

Notieren Sie sich so viele Begebenheiten wie möglich, auch vermeintlich kleine und unwichtige Dinge: zum Beispiel, ob Sie in Ihrer Wohnanlage immer diejenige sind, die darauf achtet, dass Sauberkeit und Ordnung herrscht, oder ob Sie eher dazu neigen, Dinge einfach hinter sich liegen zu lassen.

●●

Stärken und Schwächen im Miteinander

Im ersten Moment denken Sie vielleicht: Natürlich weiß ich um meine Stärken, schließlich stelle ich diese in meinem Berufsleben ständig unter Beweis. Sollten wir mit dieser Vermutung ins Schwarze treffen, so bitten wir Sie, gedanklich noch einmal sehr genau zu differenzieren zwischen dem, was Sie sehr oft tun und darin folglich versiert sind – und dem, was Ihre wirklichen Stärken sind. Die Gewohnheitsübung kann, aber muss nicht mit Ihren Stärken identisch sein. Möglicherweise haben Sie über Jahre hinweg eine Meisterschaft in der Organisation von Veranstaltungen entwickelt. Wenn Sie dies mit großer Begeisterung tun, könnte eine hierin verborgene Stärke im raschen Erfassen fremder Sachverhalte liegen. Vielleicht sind Sie aber in dieses Aufgabengebiet eher „hineingeraten" und haben aus der Not eine Tugend gemacht?

Und noch einen Schritt weiter in die gedankliche Tiefe hinein: Ihr gewohntes Denken und Tun kann Stärken verbergen, aber auch Schwächen, die Ihnen nicht mehr bewusst sind. Fragen Sie sich: „Worin bin ich besonders gut und überzeugend, woran könnte ich noch arbeiten und worauf sollte ich zu meinem eigenen Besten achten?" Das alte Sprichwort „Wo Licht ist, ist auch Schatten" spiegelt sich gerade im menschlichen Miteinander.

→ So können Menschen, die sehr reaktionsschnell sind, zur Ungeduld neigen, wenn andere eher langsam reagieren und dadurch vielleicht riskieren, dass ein guter Gedanke verlorengeht, der bei dem Gegenüber eben seine Zeit braucht.

→ Menschen, die sich schnell voller Enthusiasmus für Dinge begeistern, laufen umgekehrt Gefahr, sich auch für solche Projekte kräftezehrend zu engagieren, die von Beginn an zum Scheitern verurteilt sind. Hier könnte ein wenig mehr Abstand den Blick schärfen und die Energien in die richtige Richtung lenken.

• •

GEDANKENAUSFLUG

Stärken und ihr Gegenpart

Welche Stärken und deren jeweiligen Gegenpole erkennen Sie bei sich selbst? Vielleicht haben Sie Lust, sich in Gestalt einer kleinen Tabelle eine Übersicht zu verschaffen? Sicher fallen Ihnen noch weitaus mehr Beispiele als die hier genannten exemplarischen ein.

→ Können Sie beispielsweise besonders gut zuhören, haben aber große Probleme, dem Redefluss anderer eine Grenze zu setzen?

→ Sprühen Sie nur so vor begeisternden Ideen, sind aber nicht in der Lage, andere „mitzunehmen" und an Ihren Ideen wirklich teilhaben zu lassen?

→ Erkennen Sie mit scharfem Auge die Unzulänglichkeiten anderer, haben aber große Schwierigkeiten, gute Ideen anderer zu würdigen, wenn Sie nicht nach Ihrem Maß sind?

→ Was schätzen andere an Ihnen besonders?

→ Wofür ernten Sie eher Kritik?

Fähigkeiten und Eigenschaften – der feine Unterschied

Gerade wenn Sie über einen Neustart nachdenken, mit bereits einer Menge Erfahrung „im Kreuz" und vielleicht auch liebgewonnen Gewohnheiten, ist die Zeit jetzt besonders wertvoll, um künftige Gewichtungen und möglicherweise neue Zuordnungen zwischen Empfinden, Denken und (beruflichem) Tun zu entdecken und zu entwickeln. Je größer hier die Schnittmengen sind, desto höher ist die Wahrscheinlichkeit eines tiefen Zufriedenseins mit Ihrem neuen Vorhaben.

Die Fähigkeiten bzw. Talente, die einen Menschen auszeichnen, wie etwa Abstraktionsvermögen oder Verhandlungsgeschick, werden durch bestimmte Eigenschaften noch vertieft und in eine jeweils spezifische Richtung gelenkt. Nehmen Sie etwa Menschen mit einem großen Organisationstalent:

→ Gepaart mit einem eher impulsiven Charakter könnte diese Fähigkeit sich besonders in einem Arbeitsumfeld entfalten, in dem es um soziale Interaktion geht, in dem schnelle Entscheidungen wesentlich sind.

→ Gepaart mit einem eher systematischen Charakter könnte eine sachbezogene Aufgabenstellung diese Fähigkeit glänzen lassen; etwa im Rahmen einer Dienstleistung zur Konfiguration von Rechnersystemen und deren stetiger Sicherheitsüberprüfung.

Welche Fähigkeiten ein Mensch hat und wie er sich in dieser Welt bewegt, steht in untrennbarem Zusammenhang. Auf den US-amerikanischen Wissenschaftler und Psychologen Howard Gardner geht die Definition von sieben Intelligenzarten zurück (Abb. 4). Traditionelle Intelligenztests messen lediglich die verbale und die logisch-mathematische Intelligenz.

→ Visuell-räumliches Denken mit Sinn für Formen und für Raumdimensionen

→ Musikalische Intelligenz und Kreativität

→ Sprachintelligenz im verbalen Diskurs und in der Schrift

→ Logisch-mathematische Intelligenz in Gestalt folgerichtigen Denkens

→ Interpersonelle Intelligenz in der sozialen Interaktion mit einem hohen Empathie-Faktor

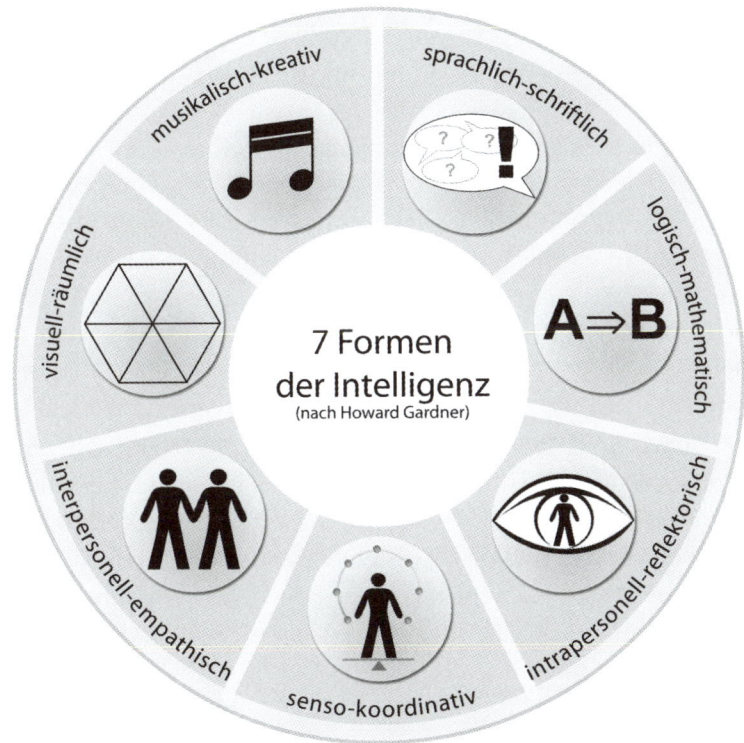

Abb. 4: Intelligenzarten nach Gardner

→ Intrapersonelle Intelligenz, also Wissen über sich selbst
→ Physische Intelligenz in Gestalt einer gut ausgebildeten Sensomotorik, also einem optimalen Zusammenspiel der motorischen Systeme wie Auge, Ohr, Arme und Beine

Später hat Gardner noch zwei weitere Intelligenzarten eruiert:
→ Ökologische Intelligenz im Verständnis für Natur und Umwelt
→ Spirituell-philosophische Intelligenz

Sie überlegen noch, in welche große Richtung Sie sich künftig beruflich orientieren wollen? Möglicherweise haben Sie bislang in einem ausschließlich „kopfgesteuerten" Beruf gearbeitet und merken jetzt, dass über Jahre hinweg Ihre Geschicklichkeit physischer Natur unbeachtet geblieben ist? Etwa Ihre Bewegungsintelligenz? Oder Ihre handwerkliche Begabung?

In einer Sendung des RBB (Rundfunk Berlin-Brandenburg) wurde im Mai 2013 ein Klavierbauer vorgestellt, der in seiner Lebensmitte seinen früheren Beruf des (erfolgreichen) Neuropsychiaters hinter sich gelassen hatte, weil er eine große Sehnsucht verspürte, „noch einmal etwas mit den Händen zu machen". Das erlebte auch der von uns interviewte **Karsten Deege**, als er die Welt des Vertriebs hinter sich ließ: Seine Berufung, Möbel herzustellen, hatte sich schon viel früher abgezeichnet, von ihm nur noch nicht als Beruf erkannt: „In unserem Wohnzimmer sah es oft wie in einer Werkstatt aus."

Möglicherweise ist es auch genau umgekehrt und Ihr innerer Drang, sich künftig geistig auseinanderzusetzen, wird immer stärker. Vielleicht sollten Sie noch einmal ein Studium beginnen, wie es unsere Porträtpartnerin **Doris Bockermann** getan hat („Meine Motivation wird immer das Lernen sein!").

Ein drittes großes Aktionsfeld liegt im sozialen Miteinander. Immer wieder ist Ihnen beruflich und privat ein großes Einfühlungsvermögen und ein Geschick beim Meistern problematischer Situationen bescheinigt worden? Vielleicht kommt Ihnen eine Idee, wo Sie diese Fähigkeiten sinnbringend einsetzen könnten?

GEDANKENAUSFLUG

Wohin soll die Reise gehen?

Überlegen Sie zuerst, welche Ihrer Fähigkeiten Sie eher als geistige, eher als körperliche und eher als zwischenmenschliche beschreiben würden. Bereits beim Sammeln Ihrer Ideen werden Sie feststellen, dass es viele Überschneidungen gibt; so ist zum Beispiel Zeichentalent sowohl eine geistige als auch eine körperliche Fähigkeit. Scheuen Sie sich nicht, auch vermeintliche Selbstverständlichkeiten zu notieren, wie zum Beispiel Lesen bei den geistigen Fähigkeiten: Denn es ist ein Unterschied, ob Sie kurze textliche Werbebotschaften wahrnehmen oder ob es Ihnen Freude bereitet, auch komplexere Texte zu durchdringen. Hier ein paar Anregungen zur Einordnung:

→ Geistige Fähigkeiten: Analysieren, Forschen, Erfinden, Planen, Entwickeln, Texte schreiben, Lesen

→ Körperliche Fähigkeiten: Reparieren, Kochen, Zeichnen, Sport treiben, Bildhauern

→ Sozial-interaktive Fähigkeiten: Zuhören, Lehren, Entscheiden, Argumentieren und Verhandeln, Organisieren

● ●

In welche große Richtung Sie sich auch bewegen wollen – eine nochmalige Differenzierung ist sinnvoll, um die Passgenauigkeit Ihrer Fähigkeiten mit Ihrem künftigen beruflichen Engagement noch pointierter in den Blick nehmen zu können.

Geistige Fähigkeiten: Jeder geistigen Auseinandersetzung liegt die Informationsbeschaffung zugrunde; ohne Informationen könnten wir keine Entscheidungen treffen, gäbe es keine Entwicklungen und keine Basis für zwischenmenschliches Miteinander. Wie wir mit Informationen umgehen sagt viel über unsere individuellen Neigungen aus und ist ein wertvoller Indikator für ein unseren individuellen Fähigkeiten entsprechendes Berufsfeld.

→ So legt der eine seinen Schwerpunkt auf das Sammeln von Informationen, etwa durch Beobachtung, Analyse und genaues Hinhören.

→ Ein zweiter neigt eher zum systematischen Organisieren von Informationen, indem er klassifiziert, miteinander vergleicht. Eine Kombination aus

Phase 2: Insight – Auf der Reise zu sich selbst

Analyse und Klassifizierung von Informationen kann wie bei unserer Porträtpartnerin **Renate Krümmer** zur Kunstsammlung führen. Wie bereits in ihren Jahren als erfolgreiche Managerin legt sie sich auch im Kunsthandel eine „Strategie für eine Punktlandung" zurecht, „das war nichts anderes als eine klassische Due Diligence", so die heute sehr erfolgreiche Kunsthändlerin.

→ Ein dritter favorisiert kreatives Organisieren von Informationen, indem er sie in einen anderen Kontext bettet, etwa beim Schreiben eines Buches oder dem Malen eines Gemäldes.

→ Ein vierter schließlich nutzt Informationen für sozial-interaktive Begegnungen oder für körperliche Tätigkeiten.

Körperliche Fähigkeiten können sich auf sehr unterschiedliche Gestaltungsbereiche beziehen. Die Kraft und Geschicklichkeit des eigenen Körpers mag sich in musikalischer Fingerfertigkeit, im Tanz wie bei Porträtpartnerin **Miki Mircevska** („Tanzen ist mein Leben") oder auch in Feinmotorik wie etwa der Handchirurgie äußern. Sie kann sich im geschickten Umgang mit Materialien zeigen, etwa in der Arbeit mit Stein oder Holz oder mit Instrumenten wie im Klavierbau oder mit Gegenständen, etwa als Restaurator oder in der Natur als Gartenarchitekt – dies alles sind nur einige Überlegungen für Menschen, die körperliche Fähigkeiten bei sich (wieder)entdecken.

Sozial-interaktive Fähigkeiten: Menschen mit einem Schwerpunkt auf sozialer Interaktion zeigen in diesem Bereich oft entweder eine besondere Begabung in der Ein-zu-Eins-Kommunikation oder im Umgang mit Gruppen. In der Einzelbegegnung sind beratende oder auch therapeutische Ausrichtungen eine Überlegung wert. Wer regelrecht aufblüht, wenn er größere Gruppen motivieren und begeistern kann, könnte als Keynote Speaker erfolgreich sein.

Drei markante Eckpunkte

An diesem Punkt könnte eine tabellarische Darstellung Ihnen die Übersicht verschaffen: In Gestalt einer Matrix gleichen Sie die jeweils drei grundlegenden Fähigkeiten mit Ihrem Verhalten und Ihren Erfahrungen ab.

→ Welche dieser Fähigkeiten haben Sie in Ihrer bisherigen beruflichen Laufbahn am stärksten genutzt?

→ Welche Fähigkeiten hätten Sie nutzen können, haben es aber nicht getan?

→ Welche Fähigkeiten haben Sie sich abverlangt, die Ihnen eher wesensfremd sind, und haben sich damit unter großen inneren Druck gesetzt?

In welch unterschiedliche Richtungen sich eine Fähigkeit entfalten kann, je nach Charakter und Temperament, zeigt sich beispielsweise im bereits weiter oben erwähnten Organisationstalent, das sich eher im sozial-interaktiven oder eher im technisch-sachorientierten Kontext entfalten kann. Eine Persönlichkeit mit ihren Eigenschaften zu beschreiben, ist ein weites Feld, das viele Assoziationen zulässt. So sprüht beispielsweise ein Abteilungsleiter vor rettenden Ideen, wenn ein gesamtes Projekt zu scheitern droht. Zugleich fährt er sofort aus der Haut, wenn nur der geringste Widerstand gegen seine Pläne aufflackert. Wie kann man diesen Menschen einem vollkommen Außenstehenden am besten beschreiben? Wie lässt er sich in seiner Persönlichkeit fassen?

IMPULSE AUS DER WISSENSCHAFT

Thesen entwickeln und schlussfolgern

Die meisten Menschen sind fasziniert von Kategorien, weil sie sich an ihnen orientieren können und sie das Empfinden haben, ein wenig mehr von sich selbst und den anderen zu verstehen. Dieses soziale Phänomen beschäftigt Denker und Forscher seit der Antike: Der Zyklus aus Spezifizierung und Generalisierung ist eine anerkannte wissenschaftliche Herangehensweise und findet in der Verhaltensforschung und in der Psychologie rege Anwendung (Abb.5):

→ Zeigen sehr viele Menschen auffallend ähnliche Verhaltensweisen, lässt sich hieraus ein Prinzip bzw. ein Verhaltensmuster ableiten (Induktion).

→ Ist ein bestimmtes Prinzip bzw. Verhaltensmuster entdeckt worden, so lässt sich auf dieser Basis das Verhalten Einzelner besser erklären bzw. einordnen, umgangssprachlich als „Aha-Effekt" bekannt (Deduktion).

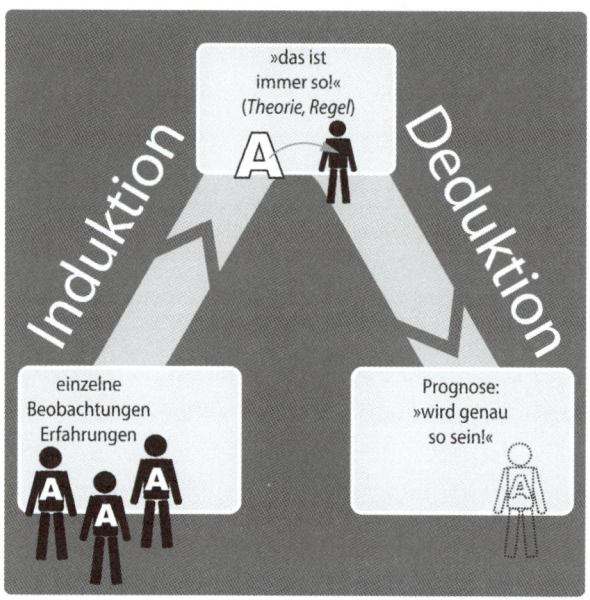

Abb. 5: Deduktion versus Induktion

In einer Folge der Serie „Pfarrer Braun" schließt der vom Schauspieler Ottfried Fischer verkörperte Geistliche aus einem Bibelzitat messerscharf auf ein Vorkommnis im aktuell zu lösenden Kriminalfall und wird von Bischof Hemmelrath gelobt: „Sauber deduziert, Braun."

Typologien können (auch) im Rahmen einer beruflichen Veränderung eine durchaus hilfreiche Orientierung bieten. Natürlich können dies immer nur Anhaltspunkte sein – und: Niemandes Verhalten und Denken entspricht jemals nur einem einzigen „Typus". Auch von den gegensätzlichen Verhaltensmustern bzw. Verhaltensstilen trägt jeder Anteile in sich. So kann ein grundsätzlich sehr ruhiger und vorsichtiger Mensch durchaus auch Übermut zeigen, dies kann von der Tagesform abhängen oder von einer besonders inspirierenden Situation. Entscheidend für die Selbsterkenntnis sind die Gewichtungen im Wesen eines Menschen: Neigt er im Regelfall eher zu impulsivem oder eher zu bedächtigem Verhalten? Ist er ein eher introvertierter oder ein eher extravertierter Charakter? Auch sind Zuschreibungen weder als Stärken noch als Schwächen zu verstehen, sondern eher als Leitfaden für ein tieferes Verständnis eigenen Verhaltens als auch sozialer Interaktionen.

IMPULSE AUS DER WISSENSCHAFT

Melancholie und Übermut

Bereits in der Antike entwickelte der griechische Philosoph Hippokrates die Temperamenten-Lehre des lebhaften und optimistischen Sanguinikers und seines Gegenparts, des pessimistischen Melancholikers sowie des aufbrau-

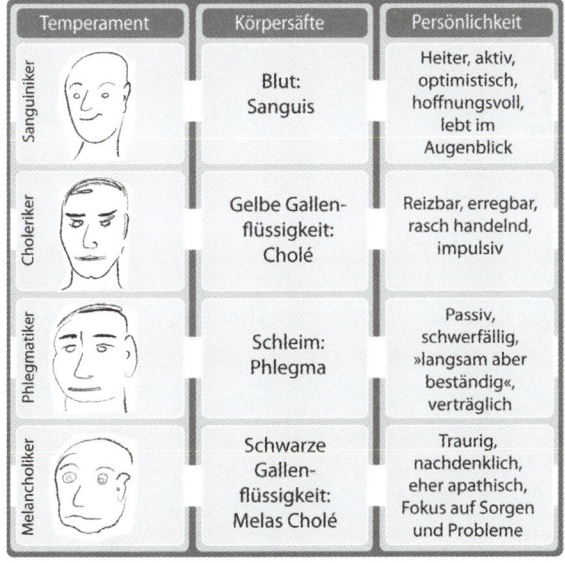

Abb. 6: Temperamente nach Hippokrates

senden Cholerikers, dem der stille Phlegmatiker gegenübersteht. Diese Typologien stützten sich wiederum auf die vermutlich im alten Ägypten praktizierte Humoralpathologie (Vier-Säfte-Lehre), die weiße und schwarze Galle, Blut und Schleim als Lebensträger körperlicher Prozesse definierte und hieraus Krankheitsverläufe ableitete. Den Körperflüssigkeiten wurden dann die jeweiligen Temperamente zugeordnet (Abb. 6).

Medizinisch-naturwissenschaftlich sind die Deutungen des Hippokrates überholt. In den Geisteswissenschaften ist es gelungen, diese Deutungen in einen anderen, übergeordneten Zusammenhang zu stellen und so neue gedankliche Spielräume in der Psychologie und Psychotherapie zu gewinnen. So kombinierte der deutsch-britische Psychologe Hans Jürgen Eysenck (1916–1997) in seinem Persönlichkeitszirkel die vier Temperamente mit jeweils zwei gegensätzlichen Wesensmerkmalen: Im Eysenck-Modell ist der Phlegmatiker introvertiert und stabil, der Melancholiker introvertiert und labil, der Sanguiniker extravertiert und stabil und der Choleriker extravertiert und labil (Abb. 7).

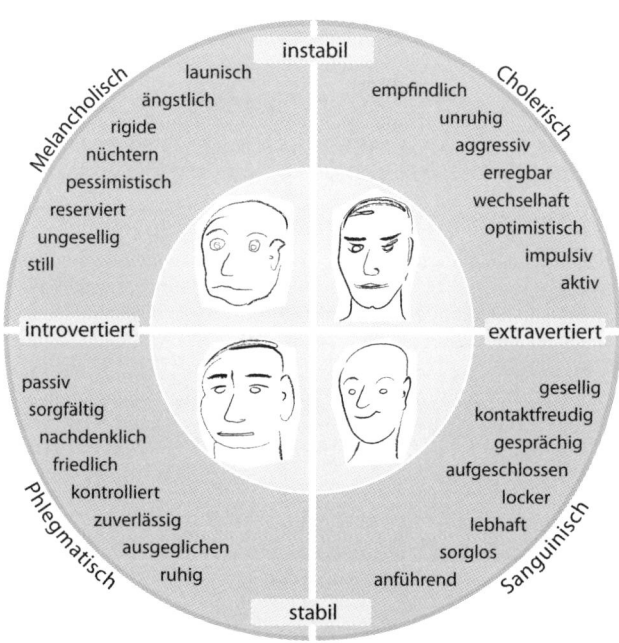

Abb. 7: Temperamente nach Eysenck

Die Begriffspaare des extravertierten Menschen, der Geselligkeit für seine Inspirationen braucht, und des Introvertierten, dem die besten Ideen beim einsamen Arbeiten kommen, gehen wiederum auf den Schweizer Psychoanalytiker Carl Gustav Jung (1875–1961) zurück. Jung definierte diese Persönlichkeitsmerkmale als Energiequellen, die wiederum Einfluss darauf haben, wie der Mensch sich gedanklich und in seinem Verhalten mit seinem Umfeld auseinandersetzt.

● ●

Wir leben in einer Zeit, in der Extravertiertheit als Maßstab gilt, in der – auch beruflicher – Erfolg gekoppelt wird mit Freude am stetigen Austausch, mit dem Geschick, Aufmerksamkeit auf sich zu ziehen, impulsiv zu sein.

Eine Lanze für die Stillen, die Introvertierten bricht die amerikanische Unternehmensjuristin und Buchautorin Susan Cain mit ihrem Buch: „Quiet: The Power of Introverts in a World That Can't Stop Talking". In einer weltweit vielfach favorisierten Aufzeichnung (http://www.ted.com/talks/susan_cain_the_power_of_introverts.html) hebt sie die Vorzüge der Introvertierten hervor – nicht, um diese gegen die Extravertierten „auszuspielen", sondern um den In-sich-Gekehrten eine Stimme zu geben. Gruppenarbeit schon in der Schule oder Großraumbüros identifiziert sie als gezielte Stimulationsräume für Extravertierte. „Was aber", fragt Cain, „ist mit denen, die gerne und viel besser allein arbeiten?" Introvertierte, spinnt Cain den Faden ihres leidenschaftlichen Plädoyers weiter, verfügten über die besondere Gabe, auch andere mit ihren Fähigkeiten leuchten zu lassen; sie seien daher unverzichtbar gerade auch in Führungspositionen.

● ●

IMPULSE AUS DER WISSENSCHAFT

Urteilen und wahrnehmen

Wie die Charakterisierungen des Introvertierten und des Extravertierten geht auch die philosophisch-psychologische Auseinandersetzung mit der Art unseres Wahrnehmens und unserer Urteilsfindung auf den Psychoanalytiker Jung zurück: Wie Menschen urteilen und wahrnehmen, ist für das berufliche Engagement von nicht unerheblicher Relevanz. Jung differenzierte hier zwischen einer eher analytischen und einer eher emotionalen Urteilsfindung sowie zwischen einer auf konkrete Faktoren bezogenen oder einer eher intuitiven Wahrnehmung.

➔ *Das Urteil:* Im analytischen Urteil liegen die Schwerpunkte auf objektiv-rationaler Einordnung des Sachverhalts, im emotional gefärbten Urteil dominiert das sogenannte Bauchgefühl,

➔ *Die Wahrnehmung:* In der konkreten Wahrnehmung orientiert sich der Betrachter an seinen fünf Sinnen – was sehe, höre, schmecke, rieche und ertaste ich? In der intuitiven Wahrnehmung bezieht er auch seinen sogenannten sechsten Sinn mit ein und sieht die Dinge in weitergehende Kontexte gebettet, in Metaphysisches, Zukunftsbilder oder Ähnliches.

Nun mag auf den ersten Blick der Schluss naheliegen, das Urteil eher dem Extravertierten und das Wahrnehmen dem introvertierten Charakter zuzuordnen. So einfach aber ist es nicht: Jede dieser Interaktionsformen nimmt vollkommen andere Züge an, je nachdem, ob ein eher Introvertierter oder ein Extravertierter sich auf dieser Ebene mit seinem Umfeld auseinandersetzt.

● ●

Je nach situativem Erfordernis ist beispielsweise eine Führungspersönlichkeit in ihrem Urteil gefordert oder ist gut beraten, den Sachverhalt zunächst mit einem gewissen inneren Abstand zu betrachten. Auch Sie selbst sind in dieser Lebenssekunde, in der Sie über einen Neustart nachdenken, in einem steten Wechsel zwischen Wahrnehmung und Urteil. Einige Beispiele mögen hilfreich sein, um künftig eine hohe Deckungsgleichheit zu erzielen, zwischen dem, was Sie tun, und dem, was Sie in Ihrem tiefen Wesen sind.

➔ Sie neigen zum analytisch-sachbezogenen Urteil und sind ein eher extravertierter Charakter? „Das ist nicht logisch", könnte Ihr Standardspruch sein. Im IT-Bereich wären Sie in diesem Fall wohl besser eingesetzt denn als Kreativdirektor in einer Werbeagentur.

➔ Sie verlassen sich in Ihrer Wahrnehmung auf Ihre fünf Sinne und sind vom Wesen her eher introvertiert? „So und nicht anders müsste sich das darstellen", könnte eine für Sie typische Einordnung sein. In einem dokumentierenden, sondierenden Berufsumfeld könnten Sie vielleicht große Zufriedenheit entwickeln.

→ Sie nehmen Ihr Umfeld eher intuitiv wahr und sind zugleich ein durchaus extravertierter Charakter? „Wir werden eine Lösung finden – und sei sie noch so ungewöhnlich", könnte eine typische Bemerkung von Ihnen sein. Eine berufliche Ausrichtung, in der Sie Interessen anderer engagiert wahrnehmen, könnte möglicherweise Ihr Wesen im besten Sinne zur Entfaltung bringen.

→ Sie neigen zum emotionalen Urteil und sind zugleich eher introvertiert? „Das müsste ganz hervorragend passen", könnte ein für Sie typisches, spontanes Empfinden sein. Eine kreative Aufgabe, die sich auf andere Menschen bezieht, könnte für tiefe Zufriedenheit sorgen. Ein Couturier etwa, der maßgeschneiderte Mode macht, braucht das spontane Empfinden für das, was zu dem Kunden passt, und zugleich die Ruhe und Abgeschiedenheit für seine Entwürfe.

Im Bereich der miteinander verwobenen Typologien gibt es fast unzählig viele Kombinationen von möglichen, prägenden Wesensmerkmalen, die eine bestimmte berufliche Neuorientierung angeraten erscheinen lassen. Möglicherweise haben Sie ja zwischenzeitlich schon Feuer gefangen und empfinden Freude am Vordringen zu sich selbst und Ihren damit verbundenen Chancen. Nehmen Sie sich die Zeit zur Entdeckung Ihrer individuellen Neigungen und Prägungen!

Fremd- und Selbstbild – der blinde Fleck im Johari-Fenster

Auf der Schwelle zum Neustart lohnt sich ein genauer Abgleich des Bildes, das Sie von sich selbst haben, von Ihren Fähigkeiten und Ihren Eigenschaften, und des Bildes, das andere von Ihnen gewonnen haben. Bisweilen können sich Gräben auftun. Je höher die Deckungsgleichheit zwischen Selbst- und Fremdbild, desto größer ist auch die Wahrscheinlichkeit, dass Vorstellungen, die Sie bezüglich eines neuen Betätigungsfeldes hegen, auf die erwünschte Resonanz stoßen werden. Je mehr der blinde Fleck Ihnen den Blick vernebelt, desto größer ist das Risiko, dass Sie womöglich in die falsche Richtung laufen.

Zwischen öffentlicher Person und Unbewusstem

Joseph Luft und Harry Ingham sind die geistigen Väter des schon 1955 entwickelten Johari-Fensters. Die jeweilig ersten Silben in den Vornamen der beiden amerikanischen Sozialpsychologen prägten den Begriff. In der Johari-Matrix stehen Selbst- und Fremdwahrnehmung eines Verhaltens im Wechselbezug zu unbewusstem und bewusstem Wahrnehmen (Abb. 8).

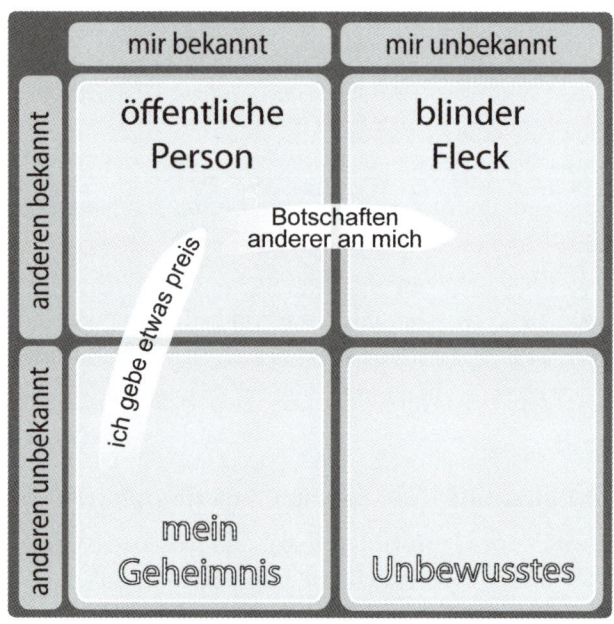

Abb. 8: Johari-Fenster

„Öffentliche Person" bedeutet, dass unser Verhalten uns selbst und unserem Umfeld bekannt ist – und im positiven Falle auch akzeptiert wird, etwa, wenn jemand seine Entscheidungen immer sehr sorgfältig abwägt, ihn aber auch niemand zu einem raschen Entschluss drängt, weil jeder weiß: Auf diese Entscheidung ist Verlass. Der blinde Fleck bezeichnet den Anteil unseres Verhaltens, der uns selbst nicht bewusst ist, von anderen hingegen recht deutlich wahrge-

nommen wird: Gesten und Tonfall können verräterisch sein – etwa der vorwurfsvolle Ton, wenn sich ein Mensch nicht genügend gewürdigt fühlt. Das Geheime umfasst den Bereich unseres Denkens und Handelns, den wir als Intim- und Privatsphäre vor anderen bewusst verbergen, etwa religiöse Überzeugungen, aber auch Schwachstellen, bei deren Bekanntwerden wir einen Gesichtsverlust fürchten. Das Unbewusste schließlich birgt die verborgenen Talente und ungenutzten Begabungen, die wir in der Hektik unseres Lebens nicht mehr wahrnehmen – und unser Umfeld auch nicht. Eine unterschwellige Unzufriedenheit mit seiner Arbeits- und Lebenssituation (siehe Scan) ist häufig der erste spürbare Hinweis auf die Potenziale, die nach Entfaltung verlangen.
(Quelle: http://www.managerseminare.de/Datenbanken_Lexikon/Johari-Fenster, 153022).

● ●

Möglicherweise sind Sie überzeugt davon, dass Sie geboren sind, um geniale Projekte zu konzipieren und dass potenzielle Geldgeber nur darauf warten, in Ihr Vorhaben zu investieren? Behutsam geäußerte Hinweise Ihres Freundes- und Bekanntenkreises bezüglich einer möglichen Selbstüberschätzung überhören Sie großzügig, ja interpretieren diese eher als Kleinmut, als fehlenden Pioniergeist. Dass Sie bereits mit dem dritten oder vierten vermeintlich welt- und marktverändernden Vorhaben auf Grundeis gelaufen sind, schieben Sie auf die ungünstigen Umstände, „blinde" Investoren oder darauf, dass vermeintlich die Zeit noch nicht reif dafür war. Dass die Dinge deswegen nicht geklappt haben, weil Sie in gewohnter Nonchalance lästigen und Ihrer Meinung nach überflüssigen Kleinkram nicht bearbeitet haben oder schlicht die Einzigartigkeit Ihrer Idee überhöht haben – das wollen Sie nicht sehen, die anderen aber nehmen es deutlich wahr.

Wir möchten Sie nicht entmutigen mit diesem Beispiel, das zum einen durchaus auf persönlichen Irrwegen beruht und den daraus gewonnenen Erkenntnissen – und dies keineswegs nur in jungen Jahren, und zum zweiten auf sehr realen Erlebnissen und Begegnungen mit Menschen in der Lebensmitte. Wenn Sie finanziell so gebettet sind, dass Sie sich solche Eskapaden leisten können – tun Sie es, just for fun, oder nehmen ein mögliches Scheitern als weiteres Lernkapitel in einer Zeit, in der wir vom Erfordernis des lebenslangen Lernens sprechen: Umwege erhöhen die Ortskenntnis. Wenn aber, wovon eher auszugehen ist, Ihr Richtungswechsel auf einem soliden Fundament beruhen soll, lohnt sich das Experiment Selbst- und Fremdbild – und zwar sehr konkret, indem Sie andere in verschiedenen Varianten nach ihrer Wahrnehmung fragen.

●●●

GEDANKENAUSFLUG

Bin ich der, der ich meine, zu sein?

Sie notieren die wichtigsten Fähigkeiten und Eigenschaften, die Sie bei sich selbst als sehr positiv sehen oder im – schweren, aber wichtigen – Prozess der Selbstkritik als unangenehm oder hinderlich, und bitten dann Ihre Partner in diesem Selbstfindungsprozess um deren ehrliche Einschätzung Ihrer Fähigkeiten und Eigenschaften. Hier sind jeweils zwei-mal-zwei Varianten möglich. Ihr posi-

Abb. 9: Matrix Fähigkeiten

tives Selbstbild findet Zustimmung oder stößt auf Widerspruch oder Ihr negatives Selbstbild findet (leider) Zustimmung oder wird geradegerückt (wie schön!) Beispielhafte Situationen sehen Sie in Abb. 9 und Abb. 10.

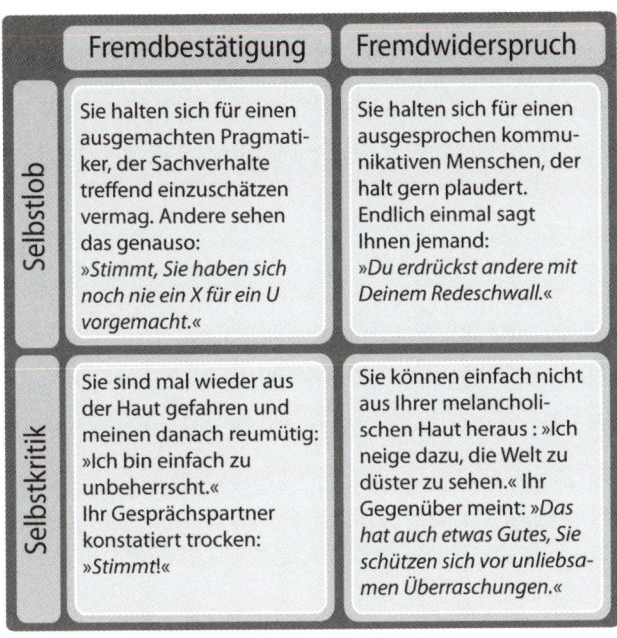

Abb. 10: Matrix Eigenschaften

Ihre Lebenswerte – was Ihnen wirklich wichtig ist

Was ist Ihnen eigentlich in diesem, Ihrem Leben besonders wichtig? Ist es die Anerkennung dessen, was Sie tun? Ist es die tiefe Befriedigung, etwas geschaffen zu haben, was Bestand hat? Ist es die Sicherheit eines geregelten Einkommens? Ist es der soziale Status, mein Auto, mein Haus, mein Gestüt? Werte, die das Leben unseres Porträtpartners **Karsten Deege** viele Jahre formten, bis er erkannte: „Das ist es nicht, was ich will!" Ist es die Unabhängigkeit, dass Sie zu neuen Ufern aufbrechen können, wann es Ihnen passt? Brennt in Ihnen ein stetiger Hunger nach mehr Wissen? Oder lodert in Ihnen die Flamme der Gerechtigkeit, diese Welt ein wenig besser zu machen als sie ist? Bei **Jan Bredack**, Gründer der veganen Supermarktkette Veganz, brannte das innere Feuer der Ethik: „Ich wollte nicht mehr essen, was ich eigentlich streicheln würde" – für diese Überzeugung gab er eine steile Laufbahn bei Daimler auf.

Es gibt in ihrer Differenziertheit und subjektiven Einfärbung fast unendlich viele Lebensmotive. Im Verlauf unseres Lebens können sich hier durchaus Werte und Motive verschieben. So kann es sein, das Ihnen in jüngeren Jahren die Anerkennung durch sozial oder hierarchisch über Ihnen Stehende sehr wichtig war, dass Sie in bestimmten Kreisen unbedingt anerkannt sein wollten. Nun, in der Lebensmitte, spüren Sie, dass Ihre Gewichtungen sich verschoben haben, dass Sie beginnen, sich stärker für zukunftsweisende Vorhaben zu begeistern, auch wenn diese – zumindest im gegenwärtigen Moment – weder durch eine hohe gesellschaftliche Reputation auffallen noch sehr lukrativ erscheinen. Nur ein Beispiel – diese Entwicklungen sind derart individuell, dass Sie diese Frage nur für sich selbst beantworten können. Speziell für Ihren möglichen Neustart aber ist besonders eine hohe Konvergenz von dem, was Sie tun (wollen), und Ihren tief in Ihnen verwurzelten Werten Gold wert. In umso höherem Maße werden Sie auch in Ihrem künftigen Aufgabenfeld authentisch sein – auch sich selbst gegenüber.

●●●

IMPULSE AUS DER WISSENSCHAFT

16 Lebensmotive

Einen gedanklichen Boden zum tieferen Durchdringen Ihrer Lebensmotive liefert die wissenschaftliche Arbeit von Steven Reiss, Professor für Psychologie und Psychiatrie an der State University Ohio. Im Rahmen einer umfangreichen empirischen Untersuchung hat er das menschliche Verhalten auf 16 relevante Lebensmotive zurückgeführt. Befragt wurden über 7000 Männer und Frauen aus den USA, Kanada und Japan, die Untersuchung wurde erstmals um die Jahrtausendwende veröffentlicht. Die Grundmotive von Reiss enthalten keine Wertung, keine Hierarchie und stellen sich jeweils in zwei gegensätzlichen Ausprägungen dar. Bei den meisten Menschen sind die Gewichtungen über lange

Zeit stabil. Reiss definiert diese 16 Grundmotive als sinnstiftend für die Lebens-
gestaltung (Abb. 11).

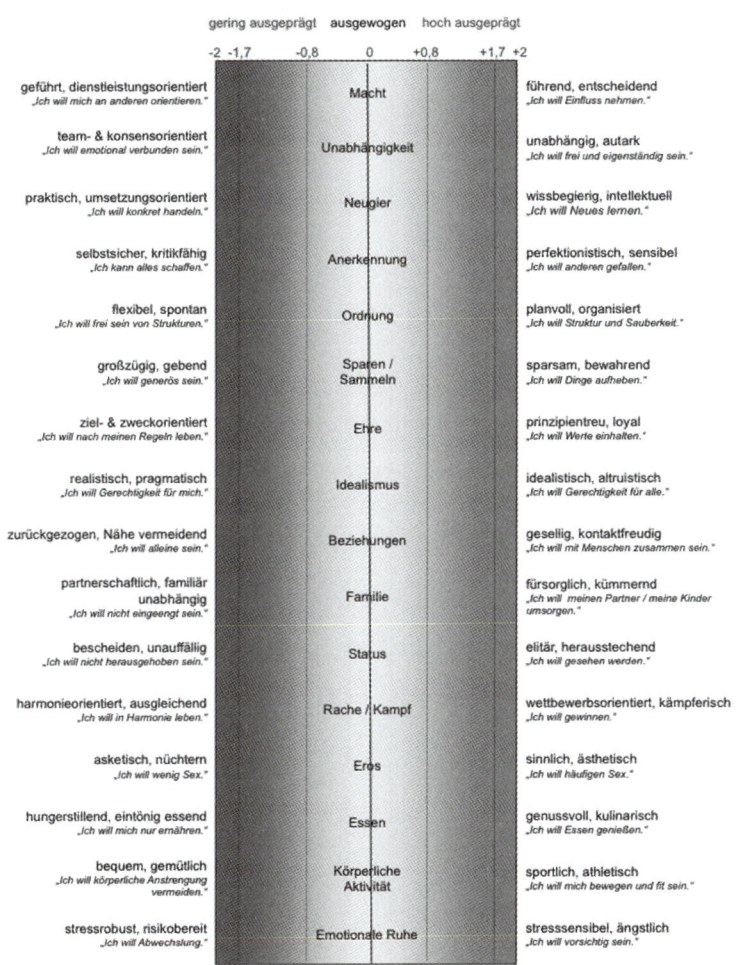

**Einschätzung der
16 Lebensmotive**

| gering ausgeprägt | ausgewogen | hoch ausgeprägt |

-2 -1,7   -0,8   0   +0,8   +1,7 +2

geführt, dienstleistungsorientiert „Ich will mich an anderen orientieren."	Macht	führend, entscheidend „Ich will Einfluss nehmen."
team- & konsensorientiert „Ich will emotional verbunden sein."	Unabhängigkeit	unabhängig, autark „Ich will frei und eigenständig sein."
praktisch, umsetzungsorientiert „Ich will konkret handeln."	Neugier	wissbegierig, intellektuell „Ich will Neues lernen."
selbstsicher, kritikfähig „Ich kann alles schaffen."	Anerkennung	perfektionistisch, sensibel „Ich will anderen gefallen."
flexibel, spontan „Ich will frei sein von Strukturen."	Ordnung	planvoll, organisiert „Ich will Struktur und Sauberkeit."
großzügig, gebend „Ich will generös sein."	Sparen / Sammeln	sparsam, bewahrend „Ich will Dinge aufheben."
ziel- & zweckorientiert „Ich will nach meinen Regeln leben."	Ehre	prinzipientreu, loyal „Ich will Werte einhalten."
realistisch, pragmatisch „Ich will Gerechtigkeit für mich."	Idealismus	idealistisch, altruistisch „Ich will Gerechtigkeit für alle."
zurückgezogen, Nähe vermeidend „Ich will alleine sein."	Beziehungen	gesellig, kontaktfreudig „Ich will mit Menschen zusammen sein."
partnerschaftlich, familiär unabhängig „Ich will nicht eingeengt sein."	Familie	fürsorglich, kümmernd „Ich will meinen Partner / meine Kinder umsorgen."
bescheiden, unauffällig „Ich will nicht herausgehoben sein."	Status	elitär, herausstechend „Ich will gesehen werden."
harmonieorientiert, ausgleichend „Ich will in Harmonie leben."	Rache / Kampf	wettbewerbsorientiert, kämpferisch „Ich will gewinnen."
asketisch, nüchtern „Ich will wenig Sex."	Eros	sinnlich, ästhetisch „Ich will häufigen Sex."
hungerstillend, eintönig essend „Ich will mich nur ernähren."	Essen	genussvoll, kulinarisch „Ich will Essen genießen."
bequem, gemütlich „Ich will körperliche Anstrengung vermeiden."	Körperliche Aktivität	sportlich, athletisch „Ich will mich bewegen und fit sein."
stressrobust, risikobereit „Ich will Abwechslung."	Emotionale Ruhe	stresssensibel, ängstlich „Ich will vorsichtig sein."

Abb.11: Die Lebensmotive nach Reiss
© genehmigt: www.institut-fuer-lebensmotive.de

Welchen Stellenwert grundsätzliche Werte für eine als erfüllt und erfüllend erlebte berufliche Ausrichtung haben, zeigt sehr plastisch eine Gegenüberstellung der beiden Werte Ungebundenheit und Sicherheit: Ein Mensch, dem das Lebensmotiv der Unabhängigkeit in die Seele gebrannt ist, wird mit höchster Wahrscheinlichkeit in hierarchisch streng geordneten Systemen wie eine Pflanze ohne Wasser vertrocknen. Umgekehrt wird einem Menschen, der sich ohne eine Grundsicherheit des Einkommens und des Lebensstatus wie auf Treibsand fühlt, eine Existenz als selbstständiger Unternehmer oder Freiberufler die innere Ruhe rauben. Beide „Typen" können sich in der für sie wesensfremden Welt nicht entfalten.

Aus anderem Holz

Karsten Deege

Vom Binnenschiffer zum Versicherungsmanager: Als die Mauer fällt, startet Karsten Deege eine steile Karriere in der Versicherungsbranche. Arbeitet sich hoch vom unbedarften Makler zum gewieften Manager. Und startet mit Ende 30 nochmal bei null – als Deutschlands ältester Schreinerlehrling.

Weil er nach 20 Jahren spürt, dass er in dem Beruf nicht alt werden will, sattelt er mit Ende 30 um – und wird Deutschlands ältester Schreinerlehrling. Sein Traum: Eine eigene Tischlerei für organisch geformte Möbel.

Ohne Zweifel, die Aufgabe war knifflig: Der 45 Quadratmeter große, L-förmige Raum in einer klassischen Berliner Altbauwohnung sollte zweigeteilt werden, ohne das neu entstehende Zimmer zur Dunkelkammer werden zu lassen. Praktisch zu nutzen sein sollte die Trennwand. Und gut aussehen sollte sie natürlich auch.

„Eine diagonale Rigips-Wand wäre die schnellste und billigste Lösung gewesen", sagt Karsten Deege. Aber die wollen weder er noch sein Auftraggeber. Also bringt Schreinergeselle Deege seine Ideen zu Papier, darunter auch eine dreidimensionale Zeichnung, die seinem Kunden einen Blick auf seinen neu gestalteten Arbeits- und Wohnbereich aus der Vogelperspektive verschafft.

Deeges Lösung: eine Kombination aus Raumtrenner, Bücher- und Aktenregal sowie extravagantem Blickfang. Also eine fünf Meter lange, deckenhohe Trennwand aus MDF (mitteldichte Faserplatte aus 80 Prozent Holz, zehn Prozent Leim, acht Prozent Wasser und zwei Prozent Zusatzstoffen) mit Schiebetür, satiniertem Glas und Fensterelementen in Höhe des Goldenen Schnitts. Diese Wand hat Platz für Bücher und Akten, die zehn Umzugskartons füllen würden. Und sieht mit ihrer Rundung am Ende nicht nur gut aus, sondern vermittelt darüber hinaus ein angenehmes Raumgefühl und lässt viel Licht in den neu entstandenen, abgetrennten Raum durch. Ein Effekt, der durch die goldfarbene Lackierung, die das Sonnenlicht reflektiert, noch verstärkt wird.

„Erfüllt zu 100 Prozent seinen Zweck und sieht sehr cool aus", sagt Deege. „Ich versuche, nur noch Möbel zu bauen, die ich selbst gern hätte."

Obwohl er nicht mal ein Jahr als Schreinergeselle arbeitet, nimmt man Deege seine dezidierte Haltung sofort ab. Was – auch – mit seinem Alter zu tun haben könnte: Deege ist gerade 43 Jahre alt geworden, zu Beginn seiner Ausbildung vor gut vier Jahren war er Deutschlands ältester Schreinerlehrling – mit Abstand. Im vergangenen Herbst hat er seine Lehre beendet, seit November arbeitet er in einer kleinen, feinen Schreinerei in einem Kreuzberger Hinterhof, in dem früher mal Nähmaschinen für Kinder produziert wurden. Baut nach traditionellen Methoden mit Hammer und Eisen Podeste für

Kitas, Badezimmermöbel, Küchen, Regalwände mit Schubkastenelementen, repariert auch mal einen Stuhl. Und hat, zwischendurch, auch Zeit für eigene Projekte. Etwa eine Garderobe für eine Bekannte, deren eigene Vorstellungen von diesem Möbel Deege „an einen Sarg" erinnerten. Er schlägt stattdessen ein liegendes U vor, mit Platz für Schuhe, Schubkästen, einen Spiegel. Der Preis: drei Mal höher als die ursprüngliche Idee – die Kundin lehnt ab, zu teuer. „Ich bin nicht schnell und billig, ich will Langlebiges bauen", sagt Deege, der den Auftrag inzwischen zurückgegeben hat und den deutlich höheren Preis als Argument gegen seinen extravaganten Entwurf mit einer schnellen Handbewegung wegwischt. „Geld ist nur eine Ausrede, wenn man sich nicht an Neues heranwagt."

Deege weiß, wovon er spricht – denn die Jagd nach Geld und Status prägte auch sein Leben, viele Jahre lang. Knapp zwei Jahrzehnte arbeitete er als Versicherungsangestellter, zuletzt als Führungskraft mit Schulungsaufgaben. Hetzte jahrelang von Termin zu Termin, durch ganz Deutschland, hatte 16 Punkte in Flensburg gesammelt. Bis er keinen Sinn mehr darin sah, Kunden und Kollegen hinterher zu jagen, „um einen Lebensstandard aufrecht zu erhalten, der einem von der Werbung als nötig vorgegaukelt wird": mein Haus, mein Pferd, mein Auto.

„Wer reich werden will und die Gabe hat, Menschen ohne Skrupel zu überzeugen, ist in diesem Gewerbe gut aufgehoben", sagt Deege, der noch heute im Freundeskreis auf Finanztipps angesprochen wird und gern weiterhilft. „Aber die Dominanz des Geldes hat mich kaputt gemacht."

Den 40. Geburtstag vor Augen, entscheidet sich Deege für einen radikalen Schnitt, fängt beruflich nochmal ganz von vorn an – als Schreinerlehrling, mit 275 Euro monatlich. „Der finanzielle Rückschritt war mir egal", sagt Deege. „Ich habe schließlich einen hehren Anspruch an mich selbst."

Das zeigt sich schon als Jugendlicher: Aufgewachsen in den Siebziger- und Achtzigerjahren im Ost-Berliner Bezirk Friedrichshain, verzichtet Deege auf Abitur und Studium, weil er nicht drei Jahre zur Volksarmee gehen will. Stattdessen lernt er in Magdeburg Binnenschiffer, „in der Hoffnung, dadurch in den Westen zu kommen".

Als er 19 ist, fällt die Mauer, Deege bleibt in Berlin, hat als Segellehrer ein annehmbares Auskommen. Unter seinen Schülern ist ein Mann, der sein Vater sein könnte – und den Deege bewundert: für seine Eloquenz, sein selbstsicheres Auftreten, seine finanziellen Möglichkeiten – „er hat immer alles bar bezahlt". Der Mann ist Versicherungsvertreter der R+V-Versicherung, im Branchenjargon als „Räuber & Verbrecher" bekannt, wie Deege amüsiert erzählt. Der Versicherungsvertreter ermuntert den jungen Segellehrer, in seine Branche einzusteigen. Deege holt die Fachhochschulreife für Wirtschaft nach, bewirbt sich, sieht eine Anzeige der ARAG-Versicherung („alles Räuber, alles Ganoven"), die damals „ständig Außendienstmitarbeiter sucht". Er wird genommen, bekommt die branchenübliche „Schnellbesohlung", wie Deege es nennt: „Kulturstrick um den Hals, Tasche in die Hand, Tritt in den Hintern." So ausgestattet geht es zum Klinkenputzen in den Prenzlauer Berg, Deege quatscht sich aufs Geradewohl in die Wohnungen potenzieller Kunden, verkauft ihnen Policen für Versicherungen aller Art. „Eine sehr spannende Erfahrung", nennt er das heute, „damals habe ich gelernt, wie man Menschen um den Finger wickelt."

Nach fünf Jahren wechselt er zum Branchenprimus Allianz, macht dort eine Ausbildung zum Versicherungsfachwirt. Deege spezialisiert sich auf das Thema Altersvorsorge, wird Führungskraft und als solche mit dem neuesten elektronischen Spielzeug ausgestattet, kurvt mit schickem Dienstwagen bayerischer Provenienz, Sonnenbrille und Arm aus dem Fenster, über den Ku'damm. Sein oberstes Ziel, ein sechsstelliges Jahresgehalt, erreicht er bald, ohne große Anstrengung, parallel zum Job studiert er an der Deutschen Versicherungsakademie. Mit Anfang 30 lebt er mit Freundin und Tochter in einer schicken Vier-Zimmer-Wohnung am Prenzlauer Berg, in der Garage stehen Auto und Motorrad, am Flussufer ein Segelboot, der neueste Laptop für die pubertierende Tochter zu Weihnachten ist nichts Besonderes. „Wir lebten wie die Könige", sagt Deege. Und spürt doch, wie er beginnt, seinen Lebensstil zunehmend in Frage zu stellen. Erlebt, wie Kollegen in der Mittagspause zusammenklappen, weil sie der Jagd nach immer höheren Umsatz- und Gewinnzielen nicht mehr standhalten.

„Es zählte nur noch Rendite, Rendite, Rendite", erinnert sich Deege. „Das wollte ich nicht mehr mitmachen, ich musste weg." Also geht er nach elf Jahren Allianz zur kleineren Konkurrenz, dem Versicherungsanbieter LV 1871, wo er Versicherungsmakler schult. Und rasch merkt: Zwar sind die Kollegen sehr nett, aber an seiner Einstellung zu Beruf und Branche ändert sich nichts. Seine Umsatzzahlen stimmen, doch wie sehr er innerlich mit seinem täglichen Tun hadert, merkt bald auch sein Vorgesetzter, ein Branchen-Haudegen mit stahlblauen Augen und graumelierten Haaren. „Karsten, Du hast doch gar keine Lust mehr", sagt er Deege bei einem Gespräch unter vier Augen auf den Kopf zu. „Du bist total frustriert."

Weil er merkt, dass er dem wenig Überzeugendes entgegensetzen kann, nimmt sich Deege einen Coach. Und erkennt, mit Ende 30: „In diesem Beruf möchte ich nicht alt werden – warum soll ich ihn dann nicht gleich an den Nagel hängen?"

Endgültig fasst er den Beschluss, aus der Versicherungsbranche auszusteigen, nach einem Beratungsgespräch, zu dem ihn zu dieser Zeit sein Schwiegervater dazu bittet. Der Schwiegervater hat einen Termin mit einem Versicherungsmakler von der Konkurrenz – und obwohl Deege ihn ausdrücklich vor den Nachteilen einer neuen Lebensversicherung warnt, lässt sich sein Schwiegervater von dem alerten Berater um den Finger wickeln, kündigt seine alte Police, schließt eine neue ab, mit niedrigerer Verzinsung und ohne den alten Steuervorteil. Die Folge: 7000 Euro Verlust, die Deege nur mit großem Aufwand vor Gericht zurückholen kann. Um kurz darauf schon wieder seinen Schwiegervater am Telefon zu haben, der ihm freudestrahlend von einer neuen privaten Krankenversicherung erzählt, die er gerade abgeschlossen habe – bei exakt demselben Berater.

„Das hat mir den endgültigen Stich versetzt. Ein System, das nur auf Gier und der Korruption durch Boni und Prämien aufbaut, wollte ich auf Dauer nicht mehr unterstützen", sagt Deege. Unterschreibt einen Aufhebungsvertrag, der ihn von der Arbeit freistellt und ihm monatlich zwei Drittel seines ursprünglichen Gehalts garantiert. Anderthalb Jahre lang. Und ihm die nötige Luft verschafft, sein gesamtes Leben auf den Prüfstand zu stellen: Erst zieht er mit der Familie in eine kleinere Wohnung, dann trennt er sich von Auto, Motorrad, Segelboot, schließlich auch von der Freundin, einer Steuerberaterin. „Wir haben uns eigentlich sehr gut ergänzt – beruflich", sagt Deege. Doch anders als er hat sie große Schwierigkeiten damit, den gewohnten Lebensstandard nach unten zu schrauben. Und zu akzeptieren, dass Deege zu Geschäftsessen nicht mehr wie aus dem Ei gepellt im Anzug und manikürten

Nägeln erscheint, sondern aus der Werkstatt im T-Shirt, verschwitzt, eingestaubt und mit dreckigen Fingern.

Deeges Entschluss, Schreiner zu werden, ist da schon ein paar Monate alt. Getroffen hatte er ihn nach einem Bewerbungsgespräch mit einem Bootsbauer („wenn Du unbedingt Hartz IV anstrebst, musst Du es machen") und ungezählten Gesprächen mit Freunden, die ihn daran erinnern, dass er schon seit Jahren mit großem Vergnügen anpackt, wenn es im Freundeskreis Küchenarbeitsplatten einzupassen und Ikea-Schränke aufzubauen gilt. Und er schon längst kein gekauftes Möbelstück mehr zuhause stehen hat – nicht immer zur Freude seiner Familie. „In unserem Wohnzimmer", sagt Deege, „sah es oft aus wie in einer Werkstatt."

Weil er nicht an einer computergesteuerten Fertigungsstraße stehen will, beginnt er, klassische Schreinereien in ganz Berlin abzutelefonieren, in der Hoffnung auf eine Lehrstelle. Als er merkt, dass er meist schon von Sekretärinnen oder Azubis abgewimmelt wird, klappert er die nächsten Kandidaten mit dem Fahrrad ab – mit wenig mehr Erfolg. „Viele waren irritiert von meinem Alter, manche Gespräche dauerten gerade mal zwei Sekunden", sagt Deege. „In solchen Situationen lernt man Demut."

Und kämpfen. Denn aufgeben will er nicht. Erinnert sich an seine steile Karriere in der Versicherungswirtschaft. Hält sich ans Gesetz der großen Zahl („wenn ich viele Bälle hochwerfe, landet sicher einer in meiner Hand"). Und an Henry Ford, der einmal gesagt hat: „Die meisten Menschen überschätzen, was sie in einem Jahr schaffen. Sie unterschätzen aber, was sie in zehn Jahren schaffen können." Deeges ganz persönliche Schlussfolgerung: Ob mit 25 oder 40 – was spricht dagegen, nochmal einen ganz neuen Weg einzuschlagen? Seine Hartnäckigkeit wird belohnt – nach rund 40 erfolglosen Versuchen trifft er schließlich auf Henrik Schwerdtner: „Ich habe gleich gespürt, dass er es ernst meint mit seinem Schritt, das war mir wichtiger als das Alter im Pass", sagt der Schreinermeister, mit 47 Jahren nur unwesentlich älter als Deege. Den er bereits kurz nach seinem Einstieg vom Praktikanten zum Lehrling befördert – mit 39 Jahren. „Die Chemie stimmte einfach", sagt Deege, „hier wollte ich bleiben."

Obwohl er sich anfangs vorkommt „wie die Axt im Walde": Deege ist tollpatschig, bleibt überall hängen, läuft gegen Werkbänke, reißt ganze Böcke um. Und ist fasziniert von seiner neuen Welt. „Ich stand mit weit aufgerissenen Augen und offenem Mund da, wie unter Drogen", erinnert er sich, „ich konnte nicht fassen, dass man Dinge so einfach herstellen kann." Er genießt es, sich „mit jedem Ansetzen der Zwinge dem gewünschten Ergebnis zu nähern".

Sich von einem der beiden Gesellen – „er hätte mein Sohn sein können" – anleiten zu lassen, ist für Deege unproblematisch. „Wenn mir ein 23-Jähriger einen Weg zeigt, dem ich folgen möchte", erklärt ihm Deege seine Einstellung, „warum nicht?" Dem zweiten Gesellen dagegen geigt er deutlich seine Meinung („möchte nicht, dass Du mir noch was zeigst"), seinem Meister Henrik Schwertner gibt er Nachhilfe in Zeitmanagement, in der Berufsschule zeigt er seinen Lehrern Kniffe, wie sie die oft unruhigen Schüler in den Griff bekommen („einfach mal nichts sagen").

Dennoch bleiben die Zweifel nicht aus. Im zweiten Lehrjahr kommt sich Deege „nur noch doof vor", hat „das Gefühl, ich entwickle mich nicht weiter". Weil er nicht als billige Putz-, Schlepp- und Schleifkraft weitermachen will, sucht er sich eigene Projekte. Und überrascht Meister Schwerdtner mit einem ausgefeilten Gesellenstück: ein Rollcontainer, lackiert in den Farben der Berliner S-Bahn ockergelb und signalrot (Farbton 3003), mit drei Schubfächern, hochwertigen Rollen mit Zentralstopp und einer Ablage auf der Seite für seine teure Ledertasche. „Das", sagt Schwerdtner, „hätte ich ihm nicht zugetraut."

Der Abschied ist dennoch beschlossene Sache – „ich wollte nicht, dass mich mein Meister als ewigen Auszubildenden ansieht".

Also stellt er sich wieder Touren zusammen – und wird auf der Suche nach einer neuen Schreinerei nach drei verregneten Tagen auf dem Rad durch Berlin in Kreuzberg fündig. „Er stand völlig durchnässt vor uns und fragte nach einer Gesellenstelle", erinnert sich Georg Stockburger, einer der drei Gesellschafter der 1984 gegründeten Schreinerei. Ähnlich wie bei Schwerdtner war auch für den Endfünfziger Stockburger Deeges Alter und Bruch im Lebenslauf kein Problem. Zum einen, weil Stockburger selbst erst nach dem Studium seine Liebe zur Schreinerei entdeckt hatte. Zum anderen, weil er nach zwei Gesprächen merkt, dass Deege menschlich gut ins Team passt. „Die Chemie stimmt und fachlich lernt er eifrig dazu", sagt Stockburger.

75

„Den Weg hierhin hat mir ein Engel gezeigt", schwärmt Deege und klopft dreimal auf Holz, „hier kann und will ich mich weiter ausprobieren."

Statt sich, wie früher als Versicherungsmanager, schon am Vorabend den Kopf über Gesprächsstrategien für den kommenden Tag zurechtzulegen, kommt Deege heute entspannt gegen 9 Uhr in die Schreinerei und geht „abends mit einem guten Gefühl nach Hause" – mal um 18, mal um 20 Uhr. „Gehetzt wird nicht mehr", sagt der Mann, der sein Telefon heute oft mal bewusst für ein paar Stunden ausschaltet und E-Mails nur alle paar Tage beantwortet. „Lieber lasse ich mir mehr Zeit."

Auch mittelfristig hat er es nicht eilig. Klar, die Ausbildung zum Meister könnte er schon jetzt in Angriff nehmen. Doch er will sich dafür mindestens noch drei, vielleicht auch fünf Jahre Zeit nehmen. Und dann vielleicht auch eine eigene Schreinerei für Möbel aus organischen Formen aufziehen.

„Ich achte jetzt einfach darauf, was ich möchte", sagt Deege. Und das heißt derzeit: „lernen und gucken". Schließlich müsse er sich „nicht mehr verbiegen, um Dinge bezahlen zu können, die ich eigentlich nicht brauche zum Glücklichsein. Die Zukunft gehört denen, die ihren Job gern machen." Und ihre Geschenke selbst herstellen: Seiner mittlerweile 15-jährigen Tochter hat er zum Weihnachtsfest einen selbstgefertigten Schlüsselanhänger unter den Baum gelegt. „Die hat richtig große Augen gemacht", sagt Deege, der inzwischen mit einer neuen Lebensgefährtin ein Baby erwartet. „Sie hat sich dafür mehr bedankt als für ihr neuestes Notebook zwei Jahre vorher."

Die Tanzmaus

Miki Mircevska

Als sie mit 15 zu ihren Eltern nach Deutschland zieht, spricht die Mazedonierin kaum ein Wort Deutsch. Hat aber den Ehrgeiz, sich immer wieder neu zu erfinden: Lernt in zwei Monaten die Sprache ihrer neuen Heimat, lässt sich erst zur Krankenschwester, dann zur Fremdsprachensekretärin ausbilden. Und macht schließlich bei Henkel Karriere als IT-Beraterin. Bis sie, mit 39 Jahren, die Zähler wieder auf null stellt: Statt über ihre Entlassung zu lamentieren, gründet Miki Mircevska eine Sprach- und Tanzschule. Und vermittelt heute 60 Kindern auf spielerische Weise den Zugang zu anderen Sprachen.

Kaum läuft die Musik, schnappt sich Hannah die Kapitänsmütze und rennt im Kreis. Im Schlepptau hat die Achtjährige ein halbes Dutzend Mädchen zwischen vier und neun, alle tragen T-Shirt, Gymnastikhosen und Turnschläppchen. „Hello! Hallo! Yassa! Hola!" singen alle im Takt der Musik, klatschen dazu in die Hände und wackeln mit den Hüften. „Danke! Ephcharisto! Thank you! Gracias!" Als die Musik nach gut zwei Minuten verklingt, bilden die Mädchen einen Kreis und blicken auf Miki. Die 42-Jährige steht in der Mitte und imitiert mit ihren Armen abwechselnd Wind und Sonne. Dazu, im Rhythmus eines neuen Liedes, singt sie den Kindern auf Englisch die Wochentage vor, von Monday bis Sunday. Und die Mädchen fallen wie selbstverständlich in den Gesang ihrer Lehrerin ein.

„Macht viel mehr Spaß als Englisch und Sport in der Schule", sagt Hannah, die die zweite Klasse einer Grundschule in Kaarst bei Düsseldorf besucht. „Hier ist es viel abwechslungsreicher."

Hier, das ist der Raum einer physiotherapeutischen Praxis, den Miki Mircevska stundenweise gemietet hat und dort montags und mittwochs Kindern zwischen drei und zehn Jahren Sprach- und Tanzunterricht gibt. Über die Woche verteilt kommen rund 60 Kinder aus dem Raum Düsseldorf und Neuss in Mircevskas Kurse, in denen sie mit den Kindern singt, tanzt und sie mit anderen Sprachen vertraut macht.

Die Kinder lernen, sich selbst auf spielerische Art vorzustellen, Zahlen, Farben, Tage, Wochen, Monate in bis zu sieben verschiedenen Sprachen mitzusingen: mal auf Englisch, Spanisch oder Russisch, mal auf Bulgarisch, Serbokroatisch oder Mazedonisch – Mircevskas Muttersprache. Je nach Altersgruppe wählt Mircevska eine andere Schwierigkeitsstufe: Mal lernen ihre Zöglinge fremde Sprachen über ein Kinderlied, das so manche der Kleinen in diesem Kurs aus dem Cluburlaub auf Mallorca kennen könnten. Die nächsthöhere Herausforderung sind Choreografien mit Schritt- und Armfolgen bis hin zu Boxsequenzen, abgestimmt auf selbst getextete Lieder etwa zur Melodie von „We will rock you", die Mircevska schon mal mit Zehnjährigen einübt. Sind, was immer häufiger vorkommt, auch Jungs im Kurs, steht die Stunde auch schon mal unter dem Motto „Star Wars", „Ghostbusters" oder „Fluch der Karibik".

„Das Programm passe ich den Kindern an – aber egal ob Junge oder Mädchen, ob Kindergartenkind oder Drittklässlerin: Es geht mir weder um stupides Rumgehopse noch darum, den Kindern möglichst viele Vokabeln oder komplizierte Schrittfolgen einzurichten", sagt Mircevska. „Ich will auf spielerische Weise ihre Koordination fördern und sie als Persönlichkeiten weiterentwickeln."

Wie gut das funktioniert, erkennt Mircevska erstmals im Sommer 2004: Damals arbeitet sie noch als Datenbank-Spezialistin für den Konsumgüterhersteller Henkel. Und reist für ein karitatives Projekt, das sie selbst entwickelt und mit dem sie sich in einem Wettbewerb gegen mehr als 400 andere Projektideen durchgesetzt hat, in ihre Heimatstadt Ohrid. Dort hilft sie, von ihrem Arbeitgeber ausgestattet mit 5000 Euro und einer Woche bezahltem Zusatzurlaub (den sie um eine Woche ihres Jahresurlaubs aufstockt), beim Aufbau eines Freizeitzentrums für benachteiligte Kinder und Jugendliche. Mircevska tanzt und singt mit den Kindern, auf Mazedonisch, Englisch, Russisch – auch Sohn Niko, damals fünf Jahre alt, macht begeistert mit. Einen Sommer später startet sie ein weiteres, ähnliches Projekt – im Heimatdorf ihres Mannes im Landesinneren von Mazedonien. Und merkt bei ihrer Rückkehr ein Jahr später: „Alles, was die Kinder in der Kombination aus Tanz, Musik und Sprache verinnerlicht hatten, war immer noch abgespeichert."

So ermutigt, nimmt sie ein drittes Projekt in Angriff – will die Kinder befreundeter Eltern in Düsseldorf nach dem gleichen Prinzip unterrichten. Obwohl ihr jeder abrät („das schaffst Du nie!"), lässt sich Mircevska nicht von ihrer Idee abbringen („todo es posible", frei aus dem Spanischen übersetzt: Alles ist möglich). Über einen Freund ihres Mannes organisiert sie kostenlose Proberäume, unterrichtet die Drei- bis Elfjährigen Kinder aus ihrem Freundeskreis kostenlos. Und merkt, dass ihre Idee, Tanz, Musik und Sprache zu kombinieren, prima ankommt – egal, ob die Kinder aus Deutschland kommen oder der Dominikanischen Republik, aus Russland, Ruanda oder den Staaten des ehemaligen Jugoslawien. Sie recherchiert im Internet, liest Bücher über Gehirnforschung. Und erkennt nicht nur, dass man Zugang zu Zusammenhängen bekommt, die sich auf rationalem Weg nicht gleich erschließen, wenn man sie anders vermittelt. Sondern auch, dass sich daraus ein Geschäft machen lässt.

„Mit diesen Erkenntnissen", sagt Mircevska, „war der entscheidende Schritt Richtung Selbstständigkeit getan."

Dass Singen, Tanzen und Musikmachen ihr besonders gut tun, spürt Mircevska intuitiv schon als Kind: Weil ihre Eltern – er Maurer, sie Köchin – 1968 aus ihrer Heimat Mazedonien nach Düsseldorf ziehen, sich aber vor lauter Arbeit nicht in der Lage sehen, sich um ihr Baby auch zu kümmern (für dessen Geburt die Mutter eigens zurück an den heimischen Ohridsee gereist war), wächst Mileva Mircevska an den Gestaden des malerischen Sees an der Grenze zu Albanien bei den Großeltern auf. Böse ist Mircevska ihren Eltern deswegen nicht – zum einen, weil sie ihr Schicksal mit vielen Altersgenossen teilt. Zum anderen, „weil ich sonst nicht die wäre, die ich heute bin".

Denn anders als bei ihren Eltern spielen Musik und Tanz im Leben von Mircevskas Großeltern eine zentrale Rolle. „Wir haben fast jeden Tag getanzt, gesungen und musiziert", erinnert sich Mircevska, die als Erstklässlerin sogar Soloauftritte vor der Armee hat, von denen noch ein paar verwackelte Videoaufnahmen existieren. Als Backfisch übt sie selbstentwickelte Choreografien zu Popsongs aus dem Westen, etwa Bands wie Modern Talking. Ihr naheliegender Berufswunsch: Sängerin, Tänzerin, Nachrichtensprecherin.

Mit 16 zieht Mircevska schließlich doch zu ihren Eltern. Als sie in Deutschland ankommt, kann sie auf Deutsch nur ihren Namen sagen und bis zehn zählen. „Das war richtig hart."

Doch Mircevska beißt sich durch: Ein Jahr hat sie Zeit, auf einer Spezialschule Deutsch zu lernen – nach nicht mal vier Wochen wird sie schon zum regulären Unterricht zugelassen. Sie macht den Realschulabschluss und eine Ausbildung zur Krankenschwester, fühlt sich in dem Beruf aber nie wohl. Sie schult an der Industrie- und Handelskammer zur Fremdsprachensekretärin um, arbeitet erst festangestellt, macht sich dann mit einem Schreibbüro selbstständig – „ich habe immer gut verdient".

Über eine Zeitarbeitsfirma landet Mircevska mit 27 Jahren schließlich bei Henkel, wird einen Monat später vom Konzern übernommen und nach einem Jahr zur Teamassistentin befördert. Dort betreut sie sechs Manager, die den russischen Markt beackern, organisiert für sie alles: von Visa über Kindergartenplatz bis zur Reisebegleitung. Nach der Geburt ihres Sohnes nimmt sie zwar drei Jahre Babypause. Weil sie ein Sprachkurs für Spanisch allein aber nicht auslastet, nutzt sie die Erlaubnis, in dieser Zeit selbstständig zu arbeiten – als externer Kundenservice für ein Telekom-Unternehmen auf Provisionsbasis. „Verträge, Vertrieb, Marketing – das liebe ich."

Nach drei Jahren kehrt sie in Vollzeit zu Henkel zurück. Um den Sohn kümmert sich nun ihr Mann, Fahrer und Supervisor beim US-Paketdienst UPS, der seine Arbeitszeiten vorübergehend verschiebt und auf Teilzeit reduziert.

Mircevska („ich wollte mich verändern") wechselt in die IT-Abteilung, wird Teamassistentin für 40 Mitarbeiter. Und beginnt die nächste Weiterbildung bei der IHK – als internationale Marketingassistentin. Kurse hat sie immer abends, ein Jahr lang. In der Zeit entdeckt sie ihre Liebe zu Datenbanken, schreibt darüber auch ihre IHK-Projektarbeit, schließt die Ausbildung mit „sehr gut" ab.

Es folgt, Henkel-intern, eine weitere Ausbildung zur IT-Beraterin, die Mircevska befähigt, die Datenbanken nicht nur Mitarbeitern, sondern auch externen Henkel-Kunden vorzustellen – bei Besuchen vor Ort oder im Rahmen von Videokonferenzen weltweit, mal auf Englisch, mal auf Russisch, mal auf Spanisch. „Mich hat daran nie das Programmieren interessiert", sagt Mircevska, „sondern vor allem die Kommunikation mit Kunden und Kollegen."

2009 aber wird die Abteilung aufgelöst, die Aufgaben größtenteils nach Indien verlagert. Ihr neuer Job – Datenbankpflege – unterfordert sie, das Angebot einer Umschulung zur SAP-Beraterin lehnt sie ab – „zu viel Programmieren, zu wenig Kommunikation".

Im Mai 2010, nach 13 Jahren bei Henkel, wird Mircevska schließlich für ein Jahr bei voller Bezahlung freigestellt, der Abschied wird mit Bonus und Abfindung versüßt. Für Mircevska kein Schock, sondern „der nötige Freiraum, um meine Selbstständigkeit vorzubereiten". Von dem Geld finanziert sie eine Ausbildung zur Tanzpädagogin, steht mit 40 Jahren und damals noch 20 Kilogramm zu viel auf den Rippen vor 150 Zuschauern auf der Bühne, um ihre Prüfung abzulegen.

Zum Gang aufs Arbeitsamt ist sie eigentlich zu stolz – tritt ihn nur an, um ihren Existenzgründerzuschuss nicht zu gefährden. Ihren 15-seitigen Businessplan zur Gründung einer Tanz- und Sprachschule lehnt die Arbeitsagentur Mönchengladbach erst ab, weil die Berufsbilder Tanz- und Sprach-pädagogin nicht geschützt seien. Und stimmt dann doch zu, als Mircevska die Ausbildung nachweisen kann – und sieht, dass die Kunden für „Mikis tanzende Mäuse" schon Schlange stehen.

Von einem Webdesigner lässt sie sich ihr Firmenlogo entwickeln – eine Maus mit Kappe und Turnschuhen („kommt bei den Kindern sehr gut an") und vom Deutschen Patentamt ihren Firmennamen für zehn Jahre schützen. Gerade verhandelt sie mit verschiedenen Kindergärten über Kooperationen, bald sollen die Kurse nicht mehr nur in temporär angemieteten Räumen stattfinden, sondern in ihrem eigenen Studio. Und sogar über den Raum Neuss und Düsseldorf hinaus – mit Hilfe von Franchise-Partnern, denen Mircevska ihr Konzept schmackhaft machen will –, womöglich bald auch ergänzt um die Sprachen Türkisch, Arabisch und Französisch.

„Viele sind von dem Konzept begeistert, würden gern für mich arbeiten, wollen aber kein Risiko eingehen", erzählt Mircevska. „Ich bin lieber selbst der Boss, fühle mich wie neu geboren, ich würde mich immer wieder so ent-scheiden", sagt sie. Und verabschiedet sich, zum Ende der Stunde, im Kreis von ihren kleinen Schützlingen. „Mit den Kindern zu singen und zu tanzen ist mein Leben", sagt Mircevska. „Das will ich auch noch machen, wenn ich 80 bin."

Select
Wählen Sie Ihr Ziel aus

Lernen, Problemlösen, kreative Veränderung und Entwicklung sind alles sehr ähnliche Prozesse, die den momentanen Kontext erweitern. Lösungsorientiertes Denken erfordert, dass wir die Prämissen unseres Denkens überprüfen und dadurch neue Freiheiten gewinnen, zu Gewohntem quer zu denken", schreiben der Wissenschaftstheoretiker Matthias Varga von Kibéd (*1950) und die Psychologin und Psychotherapeutin Insa Sparrer (*1955) in ihrem Buch „Ganz im Gegenteil". Systemisches Denken, so die beiden Begründer des Instituts für Systemische Ausbildung in München, ist nicht-lineares und damit „queres" Denken. Das würde unser Porträtpartner und mehrfache Neugründer Jürgen Brenneisen sicher sofort unterschreiben: „Ich hab' mich mein ganzes Leben lang immer wieder neu erfunden."

In genau dieser Situation der kreativen Veränderung befinden Sie sich vermutlich zurzeit? Und möchten diese – davon gehen wir aus – im tiefen Sinne zu Ihrer Zufriedenheit gestalten. Dazu gehört auch die Überprüfung dessen, was Sie genau wollen, was Ihr Ziel ist. Eine gute Portion „Querdenken" kann da sehr sinnvoll sein. Woran orientieren wir uns, wenn wir über ein (neues) Ziel nachdenken? Hat sich beispielsweise die Vorstellung in unserem Kopf eingenistet, dass eine neue berufliche Richtung mit einer finanziellen Verbesserung einhergehen und einen Prestigesprung bedeuten muss?

● ●

IMPULSE AUS DER WISSENSCHAFT

Harvard und die Ehrgeizigen

Eine Studie der Harvard-Universität (McCormack 1984) zeigte auf, dass diejenigen Absolventen der Elite-Schmiede, die nicht allein auf die Wirkungskraft des Namens Harvard vertrauten, sondern sich ein konkretes Karriereziel gesetzt hatten, zehn Jahre nach ihrem Abschluss dreimal so viel verdienten wie die Kommilitonen, die den Abschluss bereits als die Laufbahn werteten. Damit sind wir mitten drin in der Frage, welche Ziele in welcher Lebensphase relevant – und vor allem stimmig sind: In einem Lebensalter mit Ambitionen auf die Spitze, mit „Lust auf Macht" (Och / Daniels 2013), beispielsweise in einer Konzernkarriere, ist diese Fokussierung gewiss in höchstem Maß zielführend. Für den Menschen, der uns – eben nicht mehr in der Blüte seiner Jugend und vielleicht auch nicht mehr im Sturm und Drang, der Erste, Beste, Größte sein zu wollen – aus dem Spiegel anblickt, stellt sich die Frage: Will ich das noch, passt das noch?

• •

Sich ein Ziel zu setzen, ist fraglos richtig und sinnvoll, gerade in einer Lebenssituation, in der Sie eine grundlegende Veränderung im Sinn haben. „Es kommt zu einem Ausstoß von glücklich machenden Botschaften des Belohnungssystems, wenn man sich ein Ziel gesetzt hat, das man hochmotiviert zu erreichen versucht und schließlich auch erreicht", gibt der renommierte Hirnforscher Ernst Pöppel gerade älteren Semestern („Je älter desto besser") eindringlich mit auf den Weg (Pöppel 2012). Ein wahres „Glückskribbeln" erlebt die von uns porträtierte **Maren Bartz** auch heute noch jeden Tag, wenn sie den Laden ihrer Firma Siebenblau betritt. Welches Ziel aber setzen Sie sich? Und welche Verbindlichkeit gehen Sie mit diesem Ziel ein, ja erlegen Sie sich selbst auf? Welchen Freiraum gestehen Sie sich zu, von einem einmal gesetzten Ziel auch wieder abzurücken?

Ziele sind Anreize, sich in Bewegung zu setzen. Der renommierte Hamburger Psychologe und Motivationsforscher Matthias Burisch (* 1944) hat den Begriff der „Anreizlandschaft" geprägt. In welcher Anreizlandschaft bewegen wir uns, wenn wir über eine grundlegende Veränderung nachdenken? Viele Menschen richten sich über Jahre und Jahrzehnte an den immer gleichen Zielen aus, auch wenn die Spanne zwischen der Realisierbarkeit dieser Ziele und der konkreten Lebenssituation immer größer wird. Hochleistungssportler etwa kann ich ab einem gewissen Alter nicht mehr sein, dann ist der Wechsel in die Trainerlaufbahn angeraten.

Am Beispiel des ewigen Jung-Sein-Wollens in Lebensführung und Aussehen pointiert der Autor und Essayist Harald Martenstein (Jahrgang 1953) die aus unrealistischen Zielen entstehende Falle: „Wenn Du jung aussehen willst, musst Du dafür alt leben, das heißt maßvoll. Wenn Du jung leben willst, also hin und wieder über die Stränge schlägst, dann wirst Du eben älter aussehen. Aus dem Widerspruch kommst Du nicht heraus."

Nicht selten schaffen sich gerade ehrgeizige, leistungsbetonte Menschen ihr Zwangskorsett selbst, „schnüren sich ein in ihren Ich-Erwartungen" (Hollmann/Geissler 2012). „Wenn ich dieses Vorhaben beginne, will und muss ich nach kurzer Zeit eine relevante Größe am Markt sein." Haben Sie dann dieses Ziel erreicht, währt die Freude im Regelfall nur kurz, der nächste Berg muss erklommen werden. Und wenn es nun keinen höheren Berg mehr gibt, der Ehrgeizige aber nicht in der Lage ist, sich umzuorientieren? Tiefe Resignation kann die Folge sein: „Seit Jahren schon, schon seit seiner Berufung in den Senat, hatte er erlangt, was zu erlangen war. Es gab nur noch Stellungen innezuhalten und Ämter zu bekleiden, aber nichts mehr zu erobern. Es gab nur noch Gegenwart und kleinliche Wirklichkeit, aber keine Zukunft und keine ehrgeizigen Pläne mehr" (Thomas Mann, Die Buddenbrooks). Der Schriftsteller George Bernard Shaw spottete: „Dem Mensch kann zweierlei Unheil zustoßen: nicht zu bekommen, was er will, oder zu bekommen, was er will."

Kreative Zielfindung – mit Vernunft und Intuition zur Kognition

Was wollen Sie? Im ersten Moment mögen uns unsere Ziele von der Vernunft vorgegeben erscheinen, als eine folgerichtige Entwicklung vorheriger Geschehnisse. Der Mensch aber weiß viel mehr, als er denkt. Besonders in Ihrer Situation, in der Sie eine sehr tiefgreifende Veränderung ins Auge fassen, spielen Konstanten eine Rolle, die Sie in dieser Form bislang vermutlich nicht „auf der Rechnung" hatten: Potenziale, die verschüttet waren, und Wissen, welches Ihnen nicht bewusst präsent ist. Auf das Freilegen dieses im Unbewussten verborgenen Wissens beziehen sich kreative Prozesse der Zielfindung.

• •

IMPULSE AUS DER WISSENSCHAFT

Rechte und linke Gehirnhälfte

Die kreativen Prozesse über die pure Ratio hinaus werden überwiegend der rechten, das logische Denken der linken Gehirnhälfte zugeordnet – mit spiegelbildlicher Anordnung bei Linkshändern. Ob sich die funktionale Anordnung der beiden Gehirnhälften in dieser Spezifizierung halten lässt, ist in der Wissenschaft umstritten. Unbestritten ist hingegen das umfassende Repertoire an bewusstem und unbewusstem Verstehen, welches uns zur Verfügung steht. Integrierendes Denken beruht auf dem Zusammenspiel beider Hemisphären des Gehirns (Abb. 12).

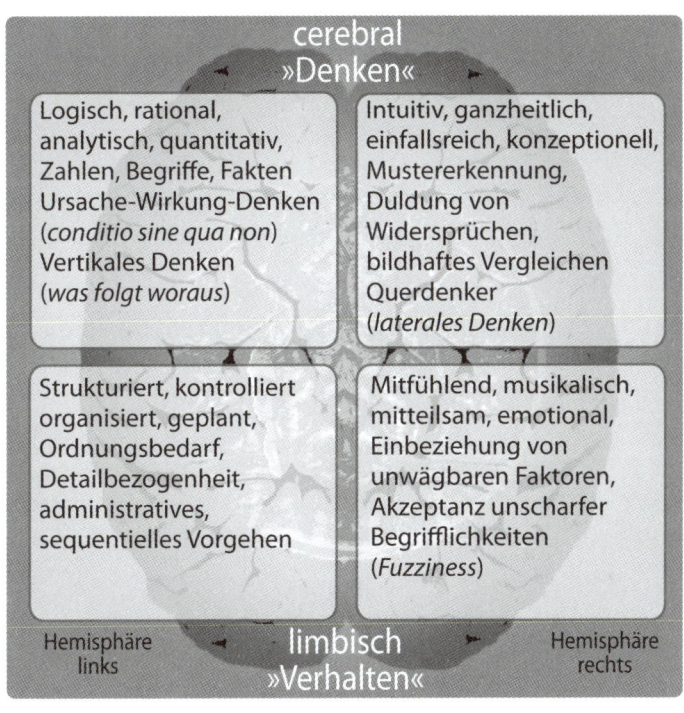

Abb. 12: Hirn-Hemisphären

Wissenschaftliche Erkenntnisse belegen, dass wir in unserer täglichen Arbeit das kreative Potenzial nur sehr eingeschränkt nutzen. Die Verschwendung dieser Ressourcen ist umso kritischer zu betrachten, als wir durch die ganzheitliche und bildhafte Speicherung auf ein ungleich größeres Datenvolumen zurückgreifen können als bei ausschließlich rationalem Denken. „Ohne Intuition wäre selbst der analytischste Denksportler aufgeschmissen", sagt Schach-Großmeister Wladimir Kramnik.

Ein Beleg für das enorme Potenzial an unbewusstem Wissen sind die Mosaiken-Muster, die im Mittelalter für Moscheen und andere religiöse Stätten im Mittleren Orient konzipiert wurden. Die komplizierten geometrischen Strukturen konnten in ihrer Präzision eigentlich nur auf mathematisch exakten Formeln beruhen. Allerdings haben Islamwissenschaftler und Archäologen bis zum heutigen Tage keinen Beweis dafür finden können, dass die Baumeister jener Zeit bereits über dieses Wissen verfügten. Denn die den Mosaiken zugrundeliegenden mathematischen Regeln wurden erst im späten 20. Jahrhundert entschlüsselt, so der *Spiegel* in einer Online-Reportage „Intuition: Die Macht des Unbewussten".

Die Intuition, das unbewusste Wissen um Formen, Funktionen und Zusammenhänge, zeigt sich in der bildenden Kunst, in der Musik, aber auch in Tausenden kleinen Entscheidungen, die wir täglich treffen – im Volksmund „Bauchgefühl" genannt oder auch sechster Sinn. Denn die Intuition beruht auf dem Abruf von Informationen, die wir mit unseren fünf Sinnen im Laufe unseres Lebens gespeichert haben. Augen, Ohren, Nase, Zunge und Haut übermitteln visuelle, auditive, olfaktorische, gustatorische und taktile Reize an unser Gehirn. Elf Millionen Sinneswahrnehmungen in der Sekunde wirken auf den Menschen ein, selbst dann, wenn er nur auf dem Sofa „lümmelt" und vor sich hin sinniert. Diese elf Millionen Eindrücke allerdings aktiv zu verarbeiten, würde uns vollkommen überfordern. Nach etwa 40 Sinneseindrücken, die gleichzeitig das Gehirn erreichen, wird der unablässige Input daher in einen anderen Speicher umgeleitet: ins Unterbewusstsein. „Und manchmal dringt aus diesem Wissensschatz ein kleiner Fetzen ins Bewusstsein, dann haben wir eine Intuition", sagt der US-amerikanische Intuitionsforscher und Psychologe Milton Fisher (*Spiegel*-Artikel). Mithilfe dieses sechsten Sinnes nehmen wir nicht nur Warnsignale wahr, sondern sind auch inspiriert, entwickeln Ideen und „Hirngespinste": So mag es sich im ersten Moment auch für den früheren Drehbuchautor und TV-Produzenten **Peter Studhalter** dargestellt haben, als er in einem Magazin auf Geschichten von Menschen stieß, die sich in diesem Bereich selbstständig gemacht hatten – warum sollte das nicht auch etwas für ihn sein? Schließlich hatte er schon seit Langem als begeisterter Hobbykoch Freunde und Familie verköstigt.

Der Kreativitätsprozess

Alles, was uns aus eigener schöpferischer Kraft im Leben weiterbringt, ist ein Kreativitätsprozess. In diesem Verständnis ist bereits die Bilanz Ihrer aktuellen Situation ein kreativer Akt – bis hin zum Handeln und der Umsetzung Ihrer Pläne. Wie eine sich unablässig drehende Spirale. Der kreative Prozess zur Entscheidungsfindung, welches Ziel genau Sie anstreben, ist vom ersten Gedankenblitz bis zum Treffen der konkreten Entscheidung in eine logisch-analytische und eine bewertende Phase eingerahmt. Der aus der Medizin entlehnte Begriff der sogenannten Inkubationsphase bezeichnet im kreativen Kontext den Zeitraum zwischen dem allerersten Gedankenblitz und der Verfestigung der Idee. In dieser Phase werden Denkraster aufgebrochen, die zu Denkblockaden führen können. In der sogenannten Verifikationsphase überprüfen wir im übertragenen

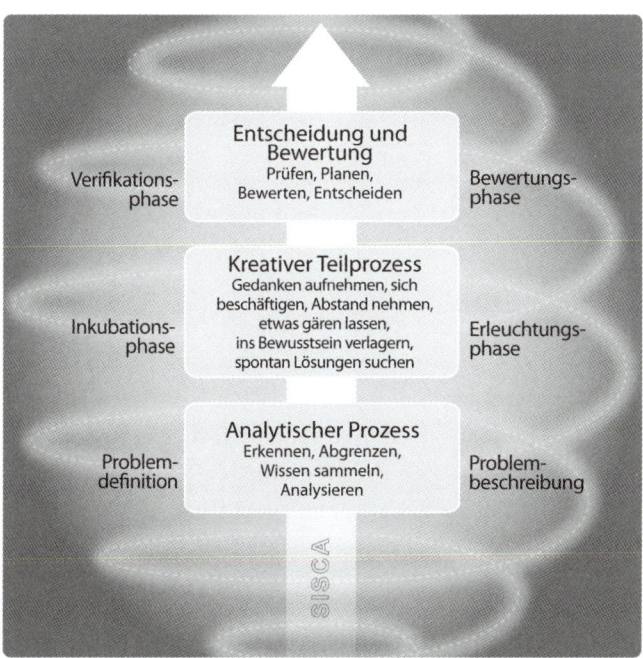

Abb. 13: Kreativitätsprozess

Sinne die Wahrheit respektive die Realisierbarkeit unserer innovativen Gedankenausflüge. In der Bewertungsphase erarbeiten wir einen Umsetzungsplan. Innovation und ökonomische Vernunft gehen in diesem Prozess eine konstruktive Wechselbeziehung ein (Abb. 13).

● ●

Für Ihre individuelle Fragestellung „Welches Ziel ist das richtige?" ist das Offene Problemlösungsmodell nach Osborn gut geeignet; der US-amerikanische Werbestratege Alexander Osborn hat das Modell Mitte des 20. Jahrhunderts entwickelt, um Projekte zur Marktreife zur bringen.

➔ Zunächst sammeln Sie Ideen; Sie lassen Ihren Assoziationen freien Raum. Sie zerlegen ein mögliches Vorhaben (oder auch mehrere) in Einzelteile, untersuchen es aus verschiedenen Perspektiven und ziehen durchaus auch solche Möglichkeiten ins Kalkül, die den Rahmen Ihres Vorhabens vollkommen sprengen und visionären Charakter haben (Divergenzphase).

➔ Im Rahmen der Ideenbewertung sortieren Sie aus, führen gedankliche Ansätze zusammen und fokussieren sich auf bestimmte Überlegungen. Aus verstreuten Einzelteilen entsteht wieder ein Ganzes (Konvergenzphase). In diesem Prozess kann es geschehen, dass Sie bei sich selbst widersprüchliche Empfindungen verspüren. So weckt zum Beispiel ein anspruchsvolles Zweit- oder Fernstudium in Ihnen einerseits die Freude auf neues Wissen, andererseits aber haben Sie Angst, ob Sie dem Vorhaben gewachsen sind. Die Kreativitätsmodelle nach Walt Disney und Edward de Bono bieten Strukturen zur Einordnung Ihrer Empfindungen.

➔ Jetzt steht die Entscheidung an, welche Ihrer Ideen Sie umsetzen wollen – und auch hier werden Sie erneut den Wert der Intuition erkennen. Im Abschnitt „Die Ja-aber-Spirale" vertiefen wir diesen Aspekt.

➔ Haben Sie sich für ein Vorhaben entschieden, entwerfen Sie in der Phase „Create" mithilfe der systematischen Ideenfindung die Architektur Ihres Vorhabens.

Multiple Perspektiven aufs Ziel – kreativ mit Disney und de Bono

Bevor Sie nun, den Spuren von Disney und de Bono folgend, Ihr Ziel jeweils von einem anderen Standort aus betrachten, möchten wir Ihnen der Vollständigkeit halber und in aller gebotenen Kürze das SMART-Modell vorstellen. Vermutlich kennen Sie es bereits, im lösungsorientierten Denken macht es noch einmal die Vielfalt unserer Möglichkeiten bewusst. Im SMART-Modell drehen und wenden Sie Ihr Ziel wie eine Kugel in der Hand, um es unter unterschiedlichen Lichteinfällen zu betrachten. Das Modell beschreibt die Komponenten Ihres Ziels:

S wie Spezifisch: Ihr Ziel sollte konkret und eindeutig formuliert sein. In welchem Umfeld wollen sie künftig arbeiten, welche Rolle wollen Sie spielen?

M wie Messbar: Ihr Ziel sollte deutlich als Weiterentwicklung erkennbar sein. Bessere Verdienstmöglichkeiten? Mehr Weisungsbefugnisse? Mehr Autonomie? Größere Gestaltungsspielräume?

A wie Attraktiv: Das Ziel sollte Ihren persönlichen Wünschen entsprechen, nicht die Vorstellungen anderer bedienen, die Sie mehr oder minder zu Ihren eigenen machen.

R wie Realistisch: Suchen Sie ruhig die Herausforderung, aber bleiben Sie dabei realistisch. Ihr Ziel sollte sich im Rahmen des Machbaren bewegen, auf die Gefahr unrealistischer Ziele sind wir schon beim „blinden Fleck" eingegangen (Abb. 8).

T wie terminiert: Setzen Sie sich eine Deadline für die Verwirklichung Ihres Ziels – sonst bleibt es beim Vorsatz!

Und nun zum Wahrnehmungsswitch: Jetzt bewegen Sie sich selbst und wechseln mehrfach Ihren Betrachter-Standort. Der Zeichentrickfilm-Pionier Walt Disney schlüpfte in drei unterschiedliche Charaktere, aus deren Warte er dann jeweils ein und dasselbe Ziel begutachtete. Der britische Mediziner und Schriftsteller Edward de Bono stülpte sich bildlich sechs Hüte über, unter deren Bedeckung er das Ziel jeweils vollkommen anders wahrnahm. Im Disney-Modell nehmen Sie wechselweise die Rolle des Träumers respektive des Visionärs ein, die des Kritikers und die des Realisten.

→ Der *Träumer* entwirft das große Bild dessen, was entstehen kann, ohne sich von möglichen Hindernissen oder Bedenken stoppen zu lassen. Für ihn ist zunächst einmal alles möglich.

→ Der *Kritiker* analysiert die Probleme und Risiken, die bei der Verwirklichung des Vorhabens auftreten können. Er stellt sicher, dass keine übereilten Entscheidungen gefällt und unrealistische Zielsetzungen vermieden werden.

→ Der *Realist* versucht, seinen Traum umzusetzen, indem er sein Vorhaben mit den realen Gegebenheiten abgleicht. Er wird innerhalb der Rahmenbedingungen sorgfältig prüfen, welche Bestandteile seines Traums er verwirklichen kann und in welcher Form dies möglich ist.

Die drei Wahrnehmungsarten ergänzen sich: Denken Sie ganz aktuell an die technische Errungenschaft der 3-D-Drucker. Die Vision war die Erstellung eines gewünschten Produkts auf Knopfdruck. In New York gibt es bereits 3-D-Copyshopketten, zu denen der Kunde den gewünschten Gegenstand mitbringt, den er als Dublette haben möchte, etwa eine zerbrochene Kaffeetasse. Im Scanner werden die genauen Maße der Tasse ermittelt – und dann „spuckt" der Drucker das Lieblingsstück aus. Nun gut, nicht ganz, bislang steht als Material nur Kunststoff zur Verfügung und auch Muster sind mit diesem Verfahren noch nicht möglich; dennoch: Mit dem kritischen Forscher und dem realistischen Fertigungsexperten könnten wir in nicht ferner Zukunft schon ein wenig Raumschiff-Enterprice-Feeling im Copyshop um die Ecke oder gar an der heimischen Werkbank genießen.

Die visionäre Perspektive findet sich natürlich auch unter den sechs Hüten des Briten de Bono. Hier ein wenig variiert in „grüner Weltsicht".

→ Der *grüne Hut* steht für Wachstum und neue Ideen. Hier geht es um Ihre Fähigkeit, Alternativen zu Ihren Plänen zu entwickeln aber auch Ihre bisherigen Vorstellungen noch weiter auszubauen. Sie können Ihre Ideen auch so ausschmücken, dass Sie in diesem Moment vollkommen unrealistisch wirken: Wenn Sie ein neues Internetportal planen, sehen Sie sich bereits als nächsten Mark Zuckerberg. Ihren inneren Kritiker verweisen Sie an den schwarzen Hut.

→ Der *schwarze Hut* steht für die objektiv negativen Aspekte Ihres Vorhabens. Überlegen Sie Sachargumente gegen Ihre Pläne, zum Beispiel, dass eine erstrebte Selbstständigkeit auch finanzielle Risiken einschließt. Oder dass ein berufsbegleitendes oder ein Zweit-Studium natürlich einen Einschnitt in Ihre gesamten Abläufe bedeutet. Es geht nicht um Ihre Angst vor solchen Nebenwirkungen! Ängste und Zweifel gehören unter den roten Hut.

→ Der *rote Hut* steht für Ihre Gefühle. Warum wollen Sie etwas Neues beginnen? Stehen Frustration und Ärger über Ihre aktuelle Situation dahinter? Oder überwiegt die Hoffnung auf einen Neubeginn, die Freude auf neue Herausforderungen? Oder nagen doch noch sehr viele Zweifel an Ihnen, ob Sie alles schaffen werden? Lassen Sie Ihre Gefühle ungefiltert zu und versuchen Sie, die rationale Bewertung Ihrer Empfindungen in diesem Moment außer Acht zu lassen. Es geht hier rein um Ihre Empfindungen.

→ Der *weiße Hut* steht für Objektivität und Neutralität. Als Träger dieser Kopfbedeckung sammeln Sie vollkommen wertneutral Informationen rund um Ihre Vorhaben. Es zählen nur Zahlen, Daten, Fakten, zum Beispiel welche Verdienstmöglichkeiten Sie haben oder ob Ihr Vorhaben den Umzug in eine andere Stadt bedingt oder nur in einem bestimmten Zeitrahmen umzusetzen ist. Welche Gefühle Sie damit verbinden – Furcht oder im Gegenteil Freude –, das gehört wieder unter den roten Hut.

→ Der *gelbe Hut* steht für die objektiv positiven Aspekte Ihres Vorhabens. Hier formulieren Sie die Vorteile, die Ihnen Ihr neues Vorhaben bringt. Mehr Autonomie? Höheres Einkommen? Auch hier geht es nicht um Ihre Gefühle, also zum Beispiel um Ihre Hoffnung auf größere Entfaltungsmöglichkeiten – die gehören unter den roten Hut.

→ Der *blaue Hut* steht für die Organisation des gesamten Denkprozesses. Hier begeben Sie sich auf die sogenannte Metaebene, wägen alle Sichtweisen unter den verschiedenen Hüten gegeneinander ab und überlegen, welche Aspekte Sie sich noch einmal genauer anschauen sollten. Vielleicht wird Ihnen klar, dass Sie Ihre Zweifel hinsichtlich der Umsetzbarkeit Ihres Vorhabens doch noch einmal genauer unter die Lupe nehmen sollten? Haben Sie Angst vor dem eigenen Wagemut oder wirken hier eher die mahnenden Stimmen anderer auf Sie? Vielleicht erkennen Sie aber auch, dass Sie Ihre Idee durchaus noch ausbauen können und es sinnvoll wäre, weitere Inspirationen zu sammeln? Sie sind hier der Dirigent Ihres Entscheidungsprozesses.

●●

IMPULSE AUS DER WISSENSCHAFT

Motten im Windkanal

Scheuen Sie sich nicht, auch scheinbar „verrückte" Erwägungen erst einmal ins Kalkül zu ziehen. Ein kleines Beispiel aus der Physik macht deutlich, dass unsere Logik und Vernunft oft langsamer sind als die Geschehnisse, die sich unbestreitbar vor unseren Augen abspielen. „Gemäß anerkannter flugmechanischer Gesetze kann eine Hummel aufgrund ihrer Gestalt und ihres Gewichts im Vergleich zur Flügelfläche nicht fliegen. Die Hummel weiß es nicht und fliegt trotzdem" – so ein Bonmot aus der Welt der Naturwissenschaften. Dem Bonmot liegt ernsthafte Forschung zugrunde: Der US-amerikanische Zoologe Charles Ellington hatte das Flugverhalten von Motten im Windkanal untersucht. Die anströmende Luft wurde mit Rauch versetzt, so dass mit einer Hochgeschwindigkeitskamera Fotos der Strömung gemacht werden konnten. Ergebnis: Für den größten Teil des Auftriebs sorgt nicht das Flattern, sondern ein bis dahin unbekannter zylinderförmiger Wirbel an der Flügelvorderseite der Insekten. So publiziert in der Zeitschrift *Nature* aus dem Jahr 1996.

●●

Visionen – Tabu oder Ikone?

„Was wir heute vermuten können, wird nicht Wirklichkeit werden. Veränderung wird es auf jeden Fall geben, doch wird die Zukunft anders sein, als wir glauben", sagte der Genetiker und Nobelpreisträger für Medizin, Francois Jacob (1920–2013). In der Forschung ist es nicht die Ausnahme, sondern der Regelfall, dass die Ergebnisse von der Annahme nicht unbeträchtlich abweichen, dass die Vision (so) nicht Wirklichkeit wird. Im Verständnis des modernen Menschen hingegen genießt die Vision Kultstatus – von der individuellen Selbstfindung bis zur beruflichen Selbstverwirklichung. Google sei Zeuge! Bei Eingabe des Suchbegriffs „Glücklich ohne Visionen" drängt der Suchgigant das „ohne" schamhaft in andere Zusammenhänge, etwa im Technikkontext: hier gilt ein neues iPhone als qualitativ unbefriedigend, weil es ohne Visionen gefertigt worden sei. Für „Glücklich mit Visionen" braucht der Informationskrake solche Ausweichmanöver nicht.

Sie wundern sich über die gedankliche Kehrtwendung? Gerade haben wir noch von der Sinnhaftigkeit vermeintlich verrückter Ideen geschrieben? Dazu stehen wir auch. Wir halten es nicht mit des Altkanzlers berühmtem Bonmot: „Wer Visionen hat, sollte zum Arzt gehen" (Helmut Schmidt 1980). Wir möchten lediglich den Meinungsmainstream ein wenig gegen den Strich bürsten: Wer keine Visionen hat, gilt rasch als arm an Phantasie. Im fluiden Feld zwischen „wabernder" Erwartung und bereits konkretem Ziel ist beispielsweise die „Fünf-Jahres-Vision" der Assessmentcenter zum Kriterium für potenzielle Kandidaten geworden: „Wo wollen Sie in fünf Jahren stehen?" hat fast schon inquisitorischen Charakter in der Fragestellung. Und wenn ich es nun nicht weiß? Vielleicht auch gar nicht wissen will, weil mich gerade auch der Zufall beflügelt? „Im gleichförmigen Strom der Zeit droht der Geist bald zu ertrinken und das Bedürfnis nach etwas Unvorhersehbarem, nach dem Zufall wird immer größer", schreibt der *Tagesspiegel* im Essay **„Der Zufall ist tot, es lebe der Zufall"** (Sauerbrey 2013).

Vorhersehbarkeit und Zufall müssen kein „Entweder-oder" sein. Die Freiheit Ihres Denkens und Ihrer Zielsetzung manifestiert sich in der Akzeptanz eines „Sowohl-als-auch". Selbstverständlich ist es sinnvoll und richtig, den Fokus auf ein Ziel zu legen, das ich erreichen möchte. Das bedeutet aber nicht, dass ich nicht (mehr) offen bin für Impulse auf dem Weg zum Ziel. Die Gefahr besteht darin, dass der Zielsuchende über die Vision die Gegenwart missachtet. „So soll es werden" kann zu einer Unbedingtheit verführen, die blind ist für Gefahren, Fehleinschätzungen, aber auch für andere Optionen. Bildlich ausgedrückt: Wer einen einzelnen Baum als Ziel in den Blick nimmt, etwa, um daran hochzuklettern, sollte dabei den Wald nicht aus dem Auge verlieren; möglicherweise ist ein anderer Baum für dieses Vorhaben noch besser geeignet.

Ist es das richtige Ziel?

Auch hier kann eine tabellarische Darstellung Ihnen den Überblick erleichtern, etwa indem Sie zwei oder drei mögliche Ziele mit diesen W-Faktoren vergleichen:

→ Welches Niveau hat Ihr Ziel? Können Sie Ihr Ziel von Ihrer Startsituation aus relativ unproblematisch erreichen oder sind (zu) viele Zwischenschritte erforderlich, etwa zusätzliche Qualifikationen oder Zusatzeinkommen?

→ Welche Energie werden Sie voraussichtlich aufwenden müssen, um das Ziel zu erreichen? Jedes Wochenende durcharbeiten, aufwändige Recherche etc.?

→ Wie hoch ist die Wahrscheinlichkeit, dass Sie Ihr Ziel erreichen (Erfolgswahrscheinlichkeit)? Haben Sie sich schon mit Menschen ausgetauscht, die da sind, wo Sie hinwollen? Was haben diese Menschen investiert und wie schätzen Sie Ihre Erfolgsaussichten ein?

→ Welche Nebenwirkungen müssen Sie befürchten? Sind Sie sicher, dass Ihre Familie, Ihre Freunde auch dann noch hinter Ihnen stehen, wenn Sie über lange Zeit überhaupt keine Zeit für niemanden mehr haben und nur noch Ihrem Vorhaben verpflichtet sind?

→ Welche emotionale Belohnung erwarten Sie sich nach Erreichen des Ziels? Stolz auf die neue Position? Soziale Anerkennung für das Erreichte?

→ Welche quantitative Belohnung steht in Aussicht? Deutlich höherer Kontostand? Mehr Handlungs- und Gestaltungsspielräume?

Die Entscheidung für ein Ziel und die „Ja-aber-Spirale"

In seinem Essayband „Pure Anarchie" hadert der Schauspieler, Regisseur und Buchautor Woody Allen mit der Entscheidung: „Der springende Punkt ist, dass man im Leben ein Anrecht auf eine Beilage hat, entweder Krautsalat oder Kartoffelsalat – und dass man sich dem Terror des Sich-entscheiden-Müssens ausgesetzt sieht, in dem Bewusstsein, dass nicht allein unsere Zeit auf Erden begrenzt ist, sondern dass die meisten Küchen um zehn schließen." Den Ausschlag, ob Kraut- oder Kartoffelsalat, wird vermutlich eine tief im Unterbewussten verankerte Geschmackserinnerung geben: Was schmeckt ein bisschen besser? „Die Entscheidungen, die wir treffen, beruhen immer auf einer Interaktion von abstraktem Wissen und Erfahrungen", sagt der Ulmer Kognitionspsychologe Markus Kiefer im *ZEIT*-Interview. Hier schließt sich der Kreis zum oft unzureichend genutzten Repertoire unseres komplexen Verstehens, auf das wir bereits in der Phase „Insight" zurückgegriffen haben. Erfahrungen schließen in hohem Maße implizit-unbewusstes Wissen ein. Die Schwäche, sich zu entscheiden, liegt nicht selten in unserer starken Fokussierung auf das ich-ferne Wissen, anders ausgedrückt auf die „Stimme der Vernunft". Dies kann genau die Folge zeitigen, dass die „Ja-aber-Spirale" bis ins Endlose reicht.

Ein nicht minder starkes Motiv zur Nicht-Entscheidung liegt im Empfinden des Verlusts: „Mit jeder getroffenen Entscheidung verringert sich unsere Wahlmöglichkeit", schreibt der Philosoph und Theologe Lukas Niederberger (*1964) in seinem Buch „Am liebsten beides". Was der Nicht-Wählende laut Niederberger übersieht: „Meine Wahlmöglichkeiten werden auch dann kleiner, wenn ich nicht wähle" – im Volksmund die verpasste Chance. Nicht wenige Theoretiker verfechten im philosophischen Diskurs zur Entscheidung die Meinung, dass eine schlechte Entscheidung besser sei als gar keine.

In der Fabel von Buridans Esel etwa grübelt der „Graue" so lange über seine Entscheidung, welches von zwei Heubündeln er lieber verspeisen möchte, bis er angesichts beider Verlockungen des Hungertodes stirbt. Hier hilft nur die Rückbesinnung auf die Intuition. Ohne die intuitive Entscheidung – „so führe ich jetzt den Pinselstrich, jetzt drücke ich auf den Auslöser" – gäbe es keine weltberühmten Gemälde oder Fotografien. Jede Entscheidung eines

Phase 3: Select – Wählen Sie Ihr Ziel aus

Menschen – ob auf der gedanklichen oder der Handlungsebene (Abb. 12) – ist eine Kette unablässiger Mikroentscheidungen.

● ●

GEDANKENAUSFLUG

Eine kleine List zur Entscheidungsfindung

Sie hadern mit sich selbst: „Mir kommt einfach kein zündender Gedanke, wofür ich mich entscheiden soll." Eine kleine Selbstüberlistung kann Ihnen vielleicht auf die Sprünge helfen: Lassen Sie noch einmal alle Argumente und Blickwinkel an Ihrem inneren Auge vorbeiziehen und setzen Sie sich dann eine innere Deadline: Bis Montag Früh, 10 Uhr, habe ich mich entschieden. Um diese Verabredung mit sich selbst wirklich dingfest zu machen, können Sie einen vertrauten Menschen bitten, Sie zu genau dieser Uhrzeit anzurufen und nach Ihrer Entscheidung zu fragen.

● ●

Lust auf Lernen

Doris Bockermann

Top-Abitur mit 51, preisgekrönte Masterarbeit mit 54, Beginn der Promotion mit 57, geplanter Neustart im Beruf mit 60: Jahrelang hatte Doris Bockermann in Werbeagenturen und Marketingabteilungen gearbeitet, eine Familie gegründet. Und in einem Alter, in dem sich andere langsam Gedanken über die Rente machen, noch einmal die Lust am Lernen entdeckt. Jetzt peilt die 57-Jährige eine zweite Karriere an, in einem Feld mit Konjunktur: Altersforschung und Sterbebegleitung.

Eigentlich hatte sie tief geschlafen. Doch plötzlich, es ist kurz nach drei Uhr nachts, öffnet die alte Dame die Augen und sieht sie unvermittelt an. Doris Bockermann, die seit gut einer Stunde im Zimmer der Patientin in einem Altenpflegeheim in Emmerich sitzt, nimmt die Hand der 103-jährigen Frau, drückt sie unmerklich, schaut der Greisin in die Augen. Es fällt kein einziges Wort in diesem Moment, „aber ich habe gespürt, dass die alte Dame einfach dankbar war, dass in diesem Moment jemand an ihrem Bett saß".

Dreimal hat Bockermann die alte Dame schon besucht, an ihrem Bett gewacht, mal ab 22 Uhr, mal ab 2 Uhr nachts – immer jeweils vier Stunden. Zur Familie der greisen Frau aber gehört sie nicht. Bockermann macht seit Januar eine neunmonatige Fortbildung zur ehrenamtlichen Sterbebegleiterin. Neben theoretischen Kenntnissen, die sie jeden vierten Samstag im Monat in einem Kurs lernt, auch praktische Erfahrung. Also die Aufgabe, Sterbende auf ihrem letzten Weg zu begleiten, ihnen und ihren Angehörigen den manchmal langsamen, immer aber unmittelbar absehbaren Abschied vom Leben zu erleichtern. So, wie es der Verein Hospizbewegung Emmerich als ambulante Hospizgruppe seit Jahren anbietet und mit derzeit knapp 40 Ehrenamtlichen Sterbende zuhause, in Krankenhäusern oder in Pflegeheimen begleitet.

„Berührungsängste mit dem Tod habe ich keine", sagt Doris Bockermann. „Ich brauche einfach pflegerische Erfahrung, um diese Menschen auf ihrem letzten Weg zu begleiten – die theoretischen Kenntnisse habe ich ja durch mein Studium sowieso."

Und diese Kenntnisse sind taufrisch – obwohl Bockermann 58 Jahre alt ist, hat sie ihr Studium erst im vergangenen Herbst abgeschlossen – für den Bachelor hatte sie gerade mal fünf Semester gebraucht, den Master mit der Note 1,1 abgeschlossen. Auch ihr Abitur hatte sie erst mit 51 in der Tasche – nach drei Jahren Büffeln am Abendgymnasium schneidet sie als Jahrgangsbeste ab. Zuvor hatte sie schon jahrzehntelang in Werbeagenturen, Marketingabteilungen und Reha-Einrichtungen gearbeitet, außerdem eine Familie gegründet. Derzeit bereitet Bockermann den Einstieg in die Promotion vor, peilt mittelfristig eine leitende Position auf dem sich entwickelnden Feld der Sterbebegleitung an. „Ich will dazu beitragen, dass sich der Umgang unserer Gesellschaft mit diesem sensiblen Thema verändert", sagt Bockermann. „Jetzt, wo ich so schön in Schwung bin."

Eine Entwicklung, die ihr nicht in die Wiege gelegt worden war: Geboren in Hamburg, zieht Bockermann kurz vor der Einschulung ins Allgäu um: Der tuberkulosekranken Mutter – sie hatte sich nach dem Krieg angesteckt – bekommt das Bergklima im Süden besser als die raue Nordluft.

Als älteste Tochter einer alleinerziehenden Mutter gibt es für Bockermann, die damals eine eher mittelmäßige Schülerin ist, nur eines: so schnell wie möglich zum Familieneinkommen beizutragen. Nach der Mittleren Reife geht sie von der Schule ab, macht bei einem Mittelständler in der Region eine Lehre als Industriekauffrau. Dort entwickelt sie Interesse fürs Marketing, organisiert Messen, geht auch mal auf Dienstreise. Und entdeckt, peu à peu, die Lust am Lernen. Sie lässt sich erst in München zur Wirtschaftskorrespondentin für Englisch ausbilden, absolviert dann, auf Empfehlung von Freunden, eine berufsbegleitende Ausbildung zur Werbebetriebswirtin. Arbeitet bis 19 Uhr, besucht anschließend bis 22 Uhr die Kurse – die Gebühren übernimmt ihr Chef.

„Wenn mich ein Thema interessiert", sagt Bockermann, „stürze ich mich drauf, mit allen Sinnen."

1986 startet Bockermann im Frankfurter Büro der Agentur McCann, arbeitet für Kunden wie L'Oréal und Levi's. Sie fühlt sich wohl in der Branche, obwohl es abends oft sehr spät wird – „der Arbeitstag war erst zu Ende, wenn der Kunde zufrieden war". 1989 wechselt sie als International Coordination Assistant ins Düsseldorfer Büro, arbeitet dort mit an der Organisation einer internationalen Agfa-Kampagne, an der 14 McCann-Büros beteiligt sind.

1991 kommt Bockermanns Tochter auf die Welt, während ihrer Babypause wird ihr Arbeitsplatz nach Frankfurt verlagert. Weil für sie ein Umzug aus familiären Gründen nicht in Frage kommt, „war der Zug für mich erst mal abgefahren". Bockermann übernimmt einige ehrenamtliche Tätigkeiten, organisiert Kinderkleidermärkte, arbeitet abends freiberuflich bei einer PR-Agentur. 1995 startet Bockermann auf Empfehlung eines Nachbarn in der Verwaltung einer Reha-Klinik für suchtkranke Männer in Rees am Niederrhein, erst als Krankheitsvertretung, dann in Festanstellung. Und besucht nebenher Kurse für Niederländisch und Italienisch.

„Damals konnte ich schon nicht mehr ohne Lernen sein", sagt Bockermann. Und fragt sich bald jeden Tag auf dem Weg zur Arbeit: „Du gehst jetzt auf die 50 zu – soll es das wirklich gewesen sein?"

Soll es nicht. Also ruft sie am Abendgymnasium in Bocholt an, besucht dort noch am selben Abend eine Informationsveranstaltung – und meldet sich spontan an. Es folgen drei Jahre Abendkurse unmittelbar nach dem Job, immer montags bis donnerstags von 18 bis 22 Uhr. „Ich bin da durchgerauscht", sagt Bockermann, „das war ein tolles Gefühl." Selbst ihre Bedenken vor Mathematik lösen sich bald in Wohlgefallen auf. Bockermann belegt das Fach sogar als Leistungskurs und beendet die Prüfungen nicht nur als Älteste, sondern auch als Jahrgangsbeste: Notendurchschnitt 1,3.

„Mit so einem Abschluss musst Du auch studieren", denkt Bockermann. Weiß aber erst mal nur, welches Fach es nicht sein soll: Für Medizin fühlt sie sich zu alt, weil sie kaum Chancen sieht, nach dem langen Studium noch als Ärztin zu arbeiten („Soll ich mit Krückstock im OP stehen?"). Auch Psychologie schließt sie für sich aus. „Durch die Arbeit in der Klinik hatte ich jahrelang das Gefühl, dass Menschen in Schubladen gesteckt werden", sagt Bockermann. „Das wird den Menschen nicht immer gerecht, das wollte ich nicht mitmachen."

Weil sie bei Internetrecherchen erstmals auf den Begriff des demografischen Wandels stößt, entdeckt Bockermann den Studiengang Gerontologie – die Wissenschaft vom Altern. Die Mischung aus Soziologie, Medizin, Psychologie und Recht gefällt ihr, „außerdem war das Thema meinem Alter angemessen". Bockermann schreibt sich an der Universität Vechta ein, bezieht eine Studentenbude, vereinbart mit der Klinik, ihre Arbeitszeit während des Studiums auf Wochenendschichten zu reduzieren. Betreut dann rund 30 männliche Patienten zwischen 16 und 60, die von ihren Suchtkrankheiten loskommen wollen. Bockermann gibt Medikamente aus, führt Drogenscreenings durch, wechselt auch mal Verbände. „Und manchmal", sagt Bockermann, „haben sie einfach nur Gesprächsbedarf."

Zwölf Stunden pro Woche arbeitet Bockermann in der Klinik, verdient so genug, um sich ihr neues Studentenleben zu finanzieren. Und sieht Mann und Tochter nur noch samstags oder sonntags – ihrem dann jeweils einzigen freien Tag.

Gerade die vorübergehende Neuregelung des Familienlebens ist nicht einfach. Bockermanns Studienpläne stoßen bei Mann und Tochter in den ersten Monaten auf Skepsis („Du fehlst uns hier, warum musst Du das machen, und dann ausgerechnet Gerontologie?"). In den wenigen Stunden des trauten Zusammenseins zu dritt stehen oft Streitschlichtung und Frustbewältigung an. „Schließlich aber haben beide erkannt, dass ich nicht zu bremsen bin", sagt Bockermann. „Ich war wie ein Schwamm, wollte alles mitnehmen, was irgendwie geht."

Schon zum Start im Wintersemester 2007 belegt sie wesentlich mehr Module als die Studienordnung vorschreibt. Belegt neben den Pflichtvorlesungen und -seminaren „alles, was mich interessiert hat": etwa zwei Jahre Italienisch und Russisch, sogar die Gebärdensprache lernt Bockermann. Wie sie das alles bewältigt hat? „Ich war beim Lernen strukturierter als manche jungen Kommilitonen", sagt Bockermann. „Ich wusste genau, wie viel Zeit ich für meine Aufgaben benötige, wie ich mir meine Zeit einteile, welche Prioritäten ich setzen muss."

Der Lohn ihrer Mühe: Wie schon ihr Abitur schließt Bockermann auch ihr Studium mit der Note 1,1 ab, ihre Masterarbeit über „Der Weg in die Selbstständigkeit – institutionelle Chancen und Barrieren für ältere Gründerinnen und Gründer" wird mit dem Gerontologiepreis der Stadt Vechta ausgezeichnet.

Und stößt dann doch an ihre Altersgrenze: Eine von ihr an der Uni angestrebte Promotionsstelle wird an eine jüngere Bewerberin vergeben, bei Bewerbungsgesprächen muss sie immer wieder erklären, was es mit dem Studiengang und Berufsbild der Gerontologie überhaupt auf sich habe. Fragt sich immer wieder: „Muss ich mich in meinem Alter wirklich immer wieder examinieren lassen? Muss ich mich immer noch gegenüber Jüngeren beweisen?"

Sie muss nicht, aber sie kann nicht anders – „auch wenn es nicht immer angenehm ist". Fordert beim Bundesgesundheitsministerium per Unterschriftenliste, die sie unter Kommilitonen initiiert, mehr Unterstützung ihres Berufsbilds, feilscht mit Krankenkassen um die Anerkennung desselben. „Wenn sich Hürden auftun, marschiere ich los, um sie zu überwinden", sagt Bockermann. „Ich bohre so lange rum, bis sich was tut."

Inzwischen scheint die frisch gebackene Gerontologin eine Nische gefunden zu haben, die auch von den Krankenkassen anerkannt und unterstützt wird: die Hospizarbeit. „Wir altern erfolgreich, aber wenn der Tod naht, sind wir hilflos", sagt Bockermann. „Viele Menschen sterben im Krankenhaus, obwohl die meisten das lieber zu Hause täten."

Deshalb macht Bockermann nun seit einigen Monaten eine Fortbildung zur ehrenamtlichen Sterbebegleiterin. Und kann sich mittelfristig vorstellen, in Vollzeit so eine Organisation auch zu leiten. Bevor sie wieder komplett ins Berufsleben zurückkehrt, will sie aber mit einem Thema im Feld der Hospizarbeit promovieren – vorerst auf eigene Faust, ohne Doktorvater, ohne Stipendium. Bis zum 60. Geburtstag wird sie damit auf jeden Fall beschäftigt sein. „Ich will mir weiter neue Themen erschließen", sagt Bockermann. „Meine Motivation wird immer das Lernen sein, nie das Geld."

Alles auf Grün

Jan Bredack

Vom Lehrling zum Fabrikdirektor: Eine steile Karriere hatte Jan Bredack bei Daimler hingelegt. Hatte mit Mitte 30 nicht nur ein kleines Vermögen verdient, sondern auch eine glänzende Zukunft als Top-Manager vor sich. Doch statt des Aufstiegs wählte Bredack den Ausstieg. Stellte erst die Ernährung, dann seine Vorstellung von einem gelungenen Leben auf den Kopf. Und gründete mit Veganz Deutschlands erste Kette für vegane Lebensmittel.

Alles auf Grün – Jan Bredack

G urke-Minze? Kirsche-Chili? Oder doch lieber Erdbeer-Zimt – welche Mischung soll nur rein in die große Waffel? 40 verschiedene Geschmacksrichtungen stehen zur Auswahl an der Eismaschine, die die gewünschte Kombination auf Knopfdruck frisch zubereitet. Doch die schiere Zahl der Sorten ist nicht der Hauptgrund für die lange Schlange, die sich bei Veganz im Phoenixhof in Hamburg-Altona gebildet hat. Hier gibt es das einzige vegane Eis in der Hansestadt, das vor den Augen der Kunden frisch zubereitet wird. Veganes Eis, das heißt: Es wird nicht aus Kuhmilch, sondern auf Reismilchbasis hergestellt, die Zutaten haben Bioqualität, die Waffel enthält weder Ei noch Milchpulver. Der Preis: 2,50 Euro.

Mehr als 80 Portionen Eis werden täglich verkauft in der Ende Juni 2013 eröffneten Filiale von Deutschlands einziger Supermarktkette, die ausschließlich Veganes anbietet. Von Algensnacks über Pepperoni-Tofu-Pizza bis zu Kokoswasser und Energieriegel mit Ananas-Inkabeere-Geschmack finden sich auf 400 Quadratmetern Ladenfläche hunderte verschiedene Produkte in den Regalen. Allein 80 milchfreie Käsevarianten stehen zur Auswahl, außerdem erdölfreies Make-up und indische Waschnüsse, sogar Katzentrockenfutter ohne Tierzusatz und vegane Leckerlis für Hunde gibt es.

„Einkaufen, ohne die Zutatenliste studieren zu müssen, und sich etwas (veganes) zu essen holen, wenn man Appetit hat", schreibt Simone Vary an die Veganz-Pinwand bei Facebook. „Das war mal echt eine Erleichterung."

Jan Bredack liebt Äußerungen wie diese. Zeigen sie ihm doch, dass er auf dem richtigen Weg ist. Denn Veganz ist sein Baby. Im Juli 2011 hat er unter diesem Label am Prenzlauer Berg in Berlin Deutschlands ersten Supermarkt eröffnet, der ausschließlich vegane Produkte führt. Eine Marktlücke, wie sich an den Besucherzahlen zeigt: Allein in die beiden Berliner Filialen – seit Ende März gibt es auch einen zweiten Standort im angesagten Bezirk Friedrichshain – kommen laut Bredack täglich gut tausend Kunden. „Streng vegan leben nur die wenigsten", sagt Bredack. „Viele wollen sich einfach gesund ernähren, ergänzen ihren Speiseplan um unser Angebot, probieren sich rein." Zahlen dafür laut Bredack im Schnitt so viel wie im herkömmlichen Biomarkt. Und bleiben offenbar dabei: Die Veganz-Filiale in Hamburg ist nach Berlin und Frankfurt bereits die vierte in Deutschland, bis Jahresende sollen neue Märkte in Prag, Wien, München und Leipzig folgen. „Das Potenzial", glaubt Bredack, „ist riesig."

Rund 800 000 Veganer leben derzeit allein in Deutschland. „Von dieser Gruppe allein könnten wir zwar nicht leben", sagt Bredack. Zählt zur Veganz-Zielgruppe aber auch Vegetarier, Allergiker und Kranke, die etwa auf ihren Cholesterinspiegel achten müssen oder Kandidaten für einen Herzinfarkt sind. „Die kommen an uns gar nicht vorbei." Zwei Drittel der Kunden sind Frauen, die meisten zwischen 18 und 34 Jahre alt. Oder 55 und älter – weil sie ihren vegan lebenden Kindern nacheifern.

„Es läuft fantastisch", sagt Veganz-Gründer Bredack, der sich selbst als „überzeugten, aber gemäßigten Veganer ohne Missionszwang" beschreibt. „Ich bin sehr zufrieden, wie sich das alles entwickelt hat."

Es ist gar nicht so lange her, da klang der Hüne aus Berlin weit weniger euphorisch. Weil er keinen Sinn mehr sah in seinem alten Leben – weder in der Fortsetzung seiner steilen Karriere bei Daimler noch dem Zusammenleben mit Frau und Kindern. „Ich fühlte mich wie in einer Sackgasse", erinnert sich Bredack, „ich musste mein Leben radikal ändern."

Dazu gehört auch die Umstellung seiner Ernährung: Nach einigen Monaten mit vegetarischer Ernährung entschließt er sich Ende 2008, konsequent vegan zu leben. Und über sein persönliches Eintauchen in diese für ihn neue Welt auch noch eine Geschäftsidee zu entwickeln. „Mein unternehmerisches Denken ist sehr ausgeprägt", sagt Bredack. „Außerdem bin ich kein Freund von halbherzigen Sachen."

Dieses Motto zieht sich durch sein ganzes Leben. Aufgewachsen in Ostberlin als behüteter Sohn privilegierter Eltern – Bredacks Vater arbeitet als Diplomat im Außenministerium, seine Mutter unterrichtet Russisch und Französisch –, beginnt Bredack nach dem Abitur eine Ausbildung zum KFZ-Mechaniker bei den Berliner Verkehrsbetrieben. Nach dem Fall der Mauer wechselt er als Mechaniker zu Daimler, legt die Meisterprüfung ab und beginnt Betriebswirtschaft zu studieren. Vormittags sitzt er in den Vorlesungen, nachts betreut er für Daimler in Rufbereitschaft Notdienste für liegengebliebene Fahrzeuge. Er wird Teil einer Gruppe talentierter junger Konzernmitarbeiter, klettert im Schnitt alle zwei Jahre die Karriereleiter nach oben.

Alles auf Grün – Jan Bredack

Erste Station: das LKW-Werk in Wörth am Rhein bei Karlsruhe, wo er erst als Ausbilder tätig ist, schließlich im Kundendienst die weltweite Markteinführung des neuen LKW-Modells Actros mit verantwortet, dann die Entwicklungsabteilung, schließlich den Vertrieb. Der Umzug der Vertriebszentrale Deutschland nach Berlin bringt Bredack wieder zurück in die Heimat. Dort baut er, mit gerade mal 27 Jahren, den Kundendienst für Transporter und LKW für den deutschen Markt auf. Er entwickelt und verantwortet unter anderem das Servicekonzept TruckWorks – ein umfassendes Angebot für Nutzfahrzeuge innerhalb des Mercedes-Servicenetzes, das auf der Plattform registrierte Werkstätten und Teilehändler identifizieren und LKW-Fahrer dabei unterstützen soll, im Schadensfall Standzeiten zu minimieren. „Ich hatte bei Daimler sehr viel Freiraum", sagt Bredack, „habe mich nie als Angestellter verstanden, sondern als Unternehmer."

Dass Jungspund Bredack ob seines Erfolgs von den meist wesentlich älteren Kollegen in vergleichbaren Positionen schon mal kritisch beäugt wird, neidische Kollegen ihn auflaufen lassen, macht er mit einer Extraportion Willen, Disziplin und Kreativität wett. Und ist als Mitglied der Geschäftsleitung im Vertrieb Service Deutschland schließlich verantwortlich für drei Milliarden Euro Umsatz, 100 Mitarbeiter in der Vertriebszentrale und 20 000 Mitarbeiter in der deutschen Serviceorganisation.

Aufgaben, die andere schon an die Grenze ihrer Leistungsfähigkeit oder darüber hinaus gebracht hätten, lasten Bredack offenbar längst nicht aus: Weil seiner Frau nach der Geburt des zweiten Kindes zuhause die Decke auf den Kopf fällt, gründet Bredack 1998 mit ihr Dianeb – eine Art Grußkartenversand übers Internet. Die Idee: die Umwandlung digital übermittelter Botschaften in altmodisch-postalische, von Bredacks Frau handschriftlich verfasste Grüße. Zielgruppe: vielbeschäftigte Geschäftsleute, die keine Zeit finden, das selbst zu erledigen – ob zum Geburtstag, zur Hochzeit, im Trauerfall. „Warum ich diese Idee hatte, lag im Nachhinein auf der Hand", sagt Bredack. „Ich war ja längst selbst einer von denen."

Bald ergänzt Bredack den Grußkarten- um einen Geschenkgutschein-Service, etwa Eintrittskarten für Musicals wie „Stella", damals in aller Munde. Und entwickelt daraus gleich die nächste Geschäftsidee: Musicalkarten im Netz bestellen – damals eine Novität. Er meldet 20 Internetadressen an, lässt Seiten programmieren, wird innerhalb von drei Monaten zum erfolgreichsten Verkäufer für Musicaltickets. Schreibt nachts Mahnungen und macht die Buchhaltung. Und setzt, von einem kleinen Zimmer in seinem Einfamilienhaus, 1,3 Millionen Euro um. Als die Stella-Anwälte 2003 die Domains abschalten lassen, steigen die Bredacks aus. Wohnen längst in einem schicken Häuschen vor den Toren Berlins, haben alle paar Monate neue Autos vor der Tür, fahren selbstverständlich drei Mal pro Jahr in Urlaub. „Geld war bis zum Abwinken da", sagt Bredack, „dem Familienleben hat der Stress sicher nicht geholfen."

Der hält ihn damals aber nicht ab, gleich wieder etwas Neues aufzuziehen: ein Internetportal, für Autobesitzer kostenlos, über das alle führenden Hersteller um Reparaturaufträge pitchen sollten. Und das Kunden so für das lukrative Reparaturgeschäft in die herstellergebundenen Werkstätten geführt hätte. 800 000 Euro steckt Bredack in den Aufbau dieses Portals, begeistert auf der internationalen Automobilmesse IAA 2007 in Frankfurt alle Wettbewerber zum Mitmachen, rechnet mit einem Umsatzpotenzial von 120 Millionen Euro. Und entscheidet sich, von seinem Chef vor die Wahl gestellt, gegen den Sprung in die Selbstständigkeit mit der Plattform RepmyCar. Und für die Fortsetzung der Karriere bei Daimler. „Ich hing offenbar an meinem Abteilungsleiterstatus", sagt Bredack. „Die Entscheidung kann ich heute nicht mehr nachvollziehen."

Die Quittung für den Raubbau an Körper und Geist bekommt er so oder so: Obwohl er zu dem Zeitpunkt regelmäßig 20 Stunden täglich arbeitet, gehen „trotzdem viele Dinge in die Hose". Die Anerkennung der Vorgesetzten bleibt aus – „aber genau davon habe ich immer gelebt".

Weil er weder mit seiner Frau noch mit Kollegen über seine Probleme reden kann, versucht er, noch mehr Gas zu geben. Nicht nur im Job, auch in der Freizeit erhöht er den Druck, beginnt mit Triathlon-Training. Erstellt einen minutiösen Plan für 20 Stunden Training pro Woche – 500 Kilometer Radfahren, 80 Kilometer laufen, zehn Kilometer Schwimmen. Er fährt morgens 34 Kilometer mit dem Rennrad ins Büro, rennt abends nach Dienstschluss durch den Tiergarten, bevor er mit dem Rad wieder zurückfährt. Am Wochenende stehen mal 25 Kilometer Laufen, mal 100 Kilometer Radfahren durch die Brandenburger Wallachei auf dem Programm. Stets überwacht von seiner Uhr, die exakt misst, ob er vom Trainingsplan abweicht und wie viele Kalorien er verbraucht. „Ich trieb mich von einer Höchstleistung zur nächsten", erinnert sich Bredack, „wie ein gehetztes Tier."

Dass etwas mit ihm nicht stimmt, fällt schließlich zwei Psychologen auf, mit denen er immer wieder beruflich zusammengearbeitet hatte. Sie informieren hinter seinem Rücken Bredacks Chefs, die ihn sanft aus dem Verkehr ziehen, ihn sukzessive von Aufgaben entbinden, ihn zum Therapeuten schicken. „Das war wie ein Peitschenschlag für mich", sagt Bredack. „Ich habe das nicht als Hilfe, sondern als Strafe empfunden." Die Diagnose der Ärzte auf dem Höhepunkt von Bredacks Burnout 2008 ist eindeutig: „Ich war ein Eremit, gefangen in meiner eigenen Welt, ohne Kontakt zur Familie."

Bredacks Konsequenz: Er trennt sich von Frau und Kindern, „für die war das ein Schlag ins Gesicht". Bredack beginnt, sich mit Spiritualität und alternativer Ernährung zu beschäftigen, „daran war vorher nicht zu denken". Weil er „nicht mehr essen wollte, was ich eigentlich streicheln würde", ernährt er sich erst ein paar Monate vegetarisch und entscheidet sich schließlich, ganz auf tierische Produkte zu verzichten. Verspeist an Silvester 2008 auf einer Hütte in Tschechien, gemeinsam mit seinen Kindern, seinen letzten Camembert aus Kuhmilch, „das habe ich regelrecht zelebriert".

Und bricht auch beruflich nochmal zu neuen Ufern auf, geht für Daimler nach Russland. „Ich konnte ja aus Schulzeiten noch passabel Russisch", sagt Bredack, „dieses Abenteuer hat mich nochmal gereizt."

Er zieht dort, auf der grünen Wiese in der Wallachei tausend Kilometer östlich von Moskau entfernt, innerhalb von neun Monaten eine LKW-Produktionsstätte hoch, zu deren Eröffnung im November 2010 selbst Abgesandte des Kremls erscheinen und in der im Zweischichtbetrieb heute rund 3000 LKW jährlich produziert werden – „für mich eine extreme Herausforderung". Bredack baut außerdem ein Vertriebs- und Servicenetz auf und hilft mit, Mercedes im wichtigen russischen Nutzfahrzeugmarkt innerhalb von zwei Jahren aus der Bedeutungslosigkeit als wichtigen Wettbewerber zu etablieren.

Und ist doch mit dem Kopf schon wieder beim nächsten Projekt: Denkt bereits ab Anfang 2009 darüber nach, aus seiner neuen Lebensform ein Geschäftsmodell zu entwickeln. Der Auslöser: Ein Supermarktbesuch mit seiner neuen Lebensgefährtin in Berlin. Bei dem sie feststellen, dass auch jedes vegetarische Produkt in ihrem Einkaufswagen tierische Substanzen enthält – vom Kuhmilchkäse bis zum durch Fischblasen geklärten Apfelsaft. Und Veganer nichts davon verzehren könnten. „Damit war die Marktlücke entdeckt."

Bredack fängt an, weltweit nach veganen Produkten zu recherchieren. Um ein Gespür für die bestehende Szene und das brachliegende Marktpotenzial zu bekommen, bezahlt er privat zwei Mitarbeiterinnen für den Aufbau einer Produktdatenbank. Reist oft nach Berlin und Los Angeles, organisiert seine Meetings via Skype. Zwei Jahre laufen die Vorbereitungen für den Aufbau einer Supermarktkette für vegane Lebensmittel, an einen Ausstieg bei Daimler denkt er anfangs nicht, „ich wollte das eigentlich nebenbei machen". Als er auf einer Bootsfahrt auf der Moskwa mit Daimler-Managern nicht über die Perspektiven des LKW-Geschäfts, sondern vor allem über die Vorzüge veganer Ernährung diskutiert, wird sein Chef hellhörig. „Du bleibst nicht mehr lang bei uns", sagt ihm dieser danach auf den Kopf zu. „Ein halbes Jahr später war ich weg."

Beschleunigt wird Bredacks Absprung von Daimler auch durch seinen autistischen Sohn, der in Berlin zur Schule geht, weil vor Ort in Moskau keine professionelle Betreuung möglich ist. „Da wollte ich auch nicht länger in Russland bleiben." Bredack lässt sich freistellen, um für den Sohn die richtige Schule zu finden. Und Zeit für die Weiterentwicklung von Veganz zu haben. Im Juli 2011 ist es soweit: Begleitet von einem riesigen Medienecho, eröffnet Bredack die erste Filiale in Prenzlauer Berg. Seine Chefs erfahren davon aus der Zeitung, bitten ihn zum Gespräch. „Die haben mir einfach die ganzen Zeitungsausschnitte auf den Tisch geknallt", sagt Bredack, „danach gab's nicht mehr viel zu sagen."

Aber umso mehr zu tun: Die besten Produkte finden und in den richtigen Mengen ordern – ein vierköpfiges Einkaufsteam bezieht sie bei mehr als hundert Herstellern, weltweit verstreut von Polen bis in die USA. Bredack muss Margen kalkulieren, Personal einstellen, neue Standorte für weitere Märkte finden. Und die richtigen Partner: ehemalige Heilpraktiker, Reisekaufleute, Gastronomie, Einzelhändler, die sich zu 50 Prozent an der Filiale beteiligen, die sie betreiben. Den Laden in zentralen Citylagen („am besten neben Starbucks") mit rund 400 Quadratmetern Fläche und rund 6000 verschiedenen

Produkten sollen jeweils Bistro, Restaurant, Kleiderboutique, Schuhladen und Showküche zu einer veganen Welt ergänzen, „um die Leute auf den Geschmack zu bringen".

Der Erfolg stellt sich sprichwörtlich über Nacht ein: Mehr als 400 Kunden stürmen vom ersten Tag an täglich in die Veganz-Filiale am Prenzlauer Berg, vier Mal so viel wie erwartet, mit 1,5 Millionen Euro liegt der Umsatz fast 70 Prozent über Plan. 50 Mitarbeiter arbeiten schon für Veganz, sie sollen, so Bredack, „wie Vollblutunternehmer" agieren. „Ich hätte nie gedacht, dass die Idee so einschlägt", sagt Bredack, „ich bin mit jedem Tag mehr überzeugt von unserem Projekt."

Weshalb er derzeit vor allem damit beschäftigt ist, Geld für die Expansion aufzutreiben: Auf 21 Läden in ganz Europa will Bredack Veganz bis Ende 2015 ausbauen – Kapitalbedarf rund 20 Millionen Euro. Den will er über die Gebühren der Filialpartner und Länderfinanzspritzen finanzieren, aber auch bei Investoren einsammeln – über den Verkauf von Anteilen und stimmrechtsloser Beteiligungen, die er mit acht Prozent verzinst. Ein bisschen wird wohl auch Daimler zum Erfolg von Veganz beitragen: Bredacks alter Arbeitgeber hat ein neues Vertriebszentrum gebaut, ganz in der Nähe der Filiale an der Oberbaumbrücke. „Da kommen bestimmt ab und zu mal alte Kollegen zum Mittagessen vorbei", sagt Bredack. „Auf das Wiedersehen freue ich mich schon."

Create
Die Architektur Ihres
Vorhabens

"W ie konnte ich das nur vergessen!" – wer hat diesen Seufzer noch nicht ausgestoßen! Je komplexer ein Vorhaben ist, desto größere Bedeutung gewinnt die sorgfältige und systematische Vorbereitung. Dies bezieht sich

→ auf Ihre internen Überlegungen, was noch alles zu tun ist,

→ auf Ihre Informationssuche rund um Ihr Ziel

→ und auf die frühzeitige Suche nach Menschen, die Sie bei der Umsetzung Ihres Vorhabens unterstützen können – und als Multiplikatoren zum Erfolg beitragen!

In dieser Phase ist Ihr innerer Realist gefragt, frei nach Walt Disneys Gedankenmodell, das wir in der Phase „Select/Multiple Perspektiven aufs Ziel" vorgestellt haben. Sie verknüpfen Ihre Träume und Ihre Vorbehalte zu einem praktikablen Projektplan; hier zählt der Blick aufs Detail, um Ihr Vorhaben professionell und erfolgsbringend umzusetzen. Als Realistin durch und durch hat sich etwa Porträtpartnerin **Renate Krümmer** bei ihrem Neustart als Kunsthändlerin erwiesen: Als sie sich auf die Cologne Fine Arts & Antiques im November 2010 vorbereitet, trennt sie sich für diesen entscheidenden Auftritt auch „schweren Herzens" von erklärten Lieblingsstücken: „Wenn mir das Herz blutet, blutet es eben; ich wollte mich ja etablieren."

● ●

GEDANKENAUSFLUG

Allererste Merkzettel - auf keinen Fall vergessen!

Um den Überblick zu gewinnen, gehen hier zwei Dinge Hand in Hand: die sorgfältige Planung Ihres Vorhabens bis in die Tiefe hinein und die Informationsbeschaffung über Ihr Netzwerk. Hier einige mögliche Aspekte von hoher Relevanz für das Gelingen Ihrer Pläne:

→ Fristen? Für Qualifikationen, Antragszeiträume etwa für Fördergelder?

→ Fachexpertise? Etwa für Beratungen durch spezifische Organisationen, für deren Inanspruchnahme Sie zunächst einmal formale Voraussetzungen erfüllen müssen?

→ Marktanalyse? Gibt es Nachfrage nach Ihrem Angebot?

● ●

Ihr Projektplan – verschaffen Sie sich den Überblick

„Ja mach' nur einen Plan und sei ein großes Licht, und mach' noch einen zweiten Plan, geh'n tun sie beide nicht", spottete einst Berthold Brecht. Fraglos hat er in solchen Fällen Recht, in denen Menschen ihre innere Figur des Träumers und Visionärs (Disney-Modell) mit der eines Planenden verwechseln. Diese Phase haben Sie aber bereits mit Hilfe verschiedener Kreativitätstechniken erfolgreich gemeistert. Sie sind bereits in die Rolle des inneren Kritikers geschlüpft oder haben unter einem der verschiedenfarbigen Hüte des Briten de Bono Ihr Vorhaben unter sehr differenzierten Perspektiven untersucht. Jetzt können Sie mit Fug und Recht von sich behaupten, mit klarem, realistischem Blick Ihr Ziel anzusteuern. Um es auch wirklich zu erreichen, bedienen Sie sich auf dieser Reiseetappe erneut der Erkenntnisse des Kreativitätsforschers Osborn. Sein Offenes Problemlösungsmodell liefert die passenden Werkzeuge:

→ Ideenfindung (Was muss ich alles bedenken?)

→ und systematisches Planen (Was ist zu tun?)

dienen der Verdichtung spezifischer Aspekte – und Ihrer Intuition: „Das nehme ich mir als Erstes vor!" Zum Sammeln und Bewerten Ihrer „to dos" bieten sich Ihnen zwei Kontrollinstrumente an: für den ersten Überblick der 3 x 3-Stufenplan, für die detailreiche Betrachtung bis in weitgehende Verzweigungen hinein die Mindmap-Methode.

Der 3 x 3-Stufenplan: Was ist wann zu tun?

Hier geht es um die drei wichtigsten Aspekte, deren Berücksichtigung unabdingbar ist – und um die Einordnung dieser „to dos" in kurz-, mittel- und langfristige Umsetzbarkeit. Möglicherweise planen Sie nun ein Zweitstudium oder eine Weiterbildungsmaßnahme, um sich später als Berater oder Experte zur demografischen Entwicklung in der Wirtschaft zu positionieren, wie es unsere Porträtpartnerin **Doris Bockermann** getan hat. In einem solchen Fall könnten folgende drei Aspekte von besonderer Relevanz sein:

→ die Finanzierung, Ihr Businessplan, mögliche Kredite,

→ die Vereinbarkeit mit Ihrem Privatleben (Familie, Freundeskreis, Freizeit) und

→ der Bekanntheitsgrad ihrer späteren (Dienst)-Leistung oder Ihres Produkts, etwa über Netzwerke.

Für alle drei Aspekte überlegen Sie nun jeweils,
→ mit wem Sie über diese Themen sprechen müssen oder sollten,
→ bis wann Sie welche Gespräche geführt haben sollten,
→ wie Sie sich selbst für erreichte Zwischenziele belohnen und zum Weitermachen motivieren
→ und welchen Plan B Sie in der Hinterhand haben, wenn bestimmte Zwischenziele nicht umsetzbar sein sollten.

Diese miteinander abzugleichenden Erfordernisse legen Sie sinnvollerweise in einer matrixartigen Tabelle an. Hiervon erstellen Sie drei Varianten, die unter den Überschriften „kurz, mittel- und langfristig" firmieren.

→ Wie sieht es mit der Finanzierung Ihres Vorhabens aus? Brauchen Sie einen Bankkredit oder suchen Sie eher nach Private-Equity-Beteiligungen? Wie wasserdicht ist Ihr Businessplan? Wer ist in welchem Fall der richtige Ansprechpartner? Bis wann müssen Sie dieses wichtige Gespräch geführt haben? Plan B könnte in diesem Kontext ein privates Darlehen sein. „Pferdeflüsterer" **Hilmar Bald** etwa wollte anfangs keine Bank ein Darlehen geben: Er verkaufte sein Haus, kratzte sein Erspartes zusammen, fand Bürgen – und erst mit diesen Sicherheiten im Rücken auch ein Finanzinstitut, das ihn unterstützen wollte.

→ Was ist mit Ihrem Privatleben? Haben Sie bereits Abmachungen mit Ihrem Ehepartner, aber auch mit Ihrem Freundeskreis getroffen? „Du fehlst uns", sagte die Familie von **Doris Bockermann** während ihres späten Studiums. Dem Vorwurf des Freundeskreises „Du meldest Dich ja nie mehr" können Sie durch rechtzeitige Gespräche vorbeugen. Es kann natürlich auch sein, dass Sie durch Ihre neuen Berufs- und Lebenspläne eine wachsende Distanz zu Ihrem aktuellen Freundeskreis befürchten. Spezielle Vereinbarungen könnten sehr hilfreich sein, denn Familie und Freunde geben den seelischen Rückhalt. Wenn die Familie vollkommen blockiert: Gibt es einen Plan B in Ihrer Architektur?

→ Für den wachsenden Bekanntheitsgrad Ihres Vorhabens ist der Aufbau eines Netzwerkes unabdingbar. Auf die spezifischen Faktoren kommen wir gleich noch zu sprechen.

Welche dieser Überlegungen für Sie welche Dringlichkeitsstufe besitzt, das liegt allein in Ihrem Ermessen und den Bedingungen und Erfordernissen Ihrer individuellen Situation. Wenn Sie Ihre drei Tabellen nach reiflicher Überlegung miteinander vergleichen, zeichnet sich hier bereits ein sehr konkreter Handlungsplan ab.

Ihr Aktionsbaum wächst – die Mindmap-Methode

Für Ihre Tiefenplanung bis in die weitverzweigten Details hinein eignet sich die Mindmap-Methode nach dem britischen Mentaltrainer Tony Buzan (*1942). Sie ordnen Ihre Gedanken auf einer Art Landkarte. Auch Buzan orientiert sich am Offenen Problemlösungsmodell nach Osborn, untermalt durch eine spezifische Visualisierungstechnik in Gestalt eines vielarmigen Tintenfischs oder auch eines verzweigten Baumes. Rund um Ihre zugrundeliegende Fragestellung sammeln Sie mögliche Ideen und zergliedern diese in immer mehr Einzelaspekte. So werden die Ideen handhabbar. Durch die Darstellung unserer Gedanken in Gestalt einer Zeichnung stimulieren wir unsere linke Gehirnhälfte (Abb. 12) und damit unsere Fähigkeit, Inspirationen folgerichtig einzuordnen und aufzubereiten.

Als Beispiel, wie eine solche Landkarte Ihrer Gedanken aussehen kann und um Ihnen auch gedanklich einen Kurzurlaub von Ihren beruflichen Plänen zu gönnen, haben wir Überlegungen rund um eine mögliche Urlaubsplanung zusammengetragen. Urlaub bedeutet für Sie auch kulinarische Entdeckungen? Sie mögen mediterrane Küche und wollen im Sommer einen Kurzurlaub am Meer machen? Dann könnte das Strandhäuschen in der Bretagne das richtige für Sie sein. Urlaub kann für Sie auch zuerst die Frage auslösen, mit welchem Fortbewegungsmittel Sie am liebsten verreisen oder welches für Sie überhaupt nicht in Frage kommt. Daraus ergeben sich weitere gedankliche Verzweigungen; ist für Sie beispielsweise das Flugzeug abschreckend, wird eine Reise auf die Malediven wohl ausscheiden. In die Bretagne könnten Sie hingegen auch mit dem Wohnmobil gelangen. Sie sehen, wie sich die vielfältigen Assoziationen auch untereinander vernetzen. In unserer Abbildung haben wir als Inspiration Landschaft und Sportarten dargestellt. Wenn Sie mögen, entwickeln Sie als spielerischen Einstieg in Ihre berufliche Mindmap weitere Aspekte zum Thema Urlaub – erholen Sie sich gut!

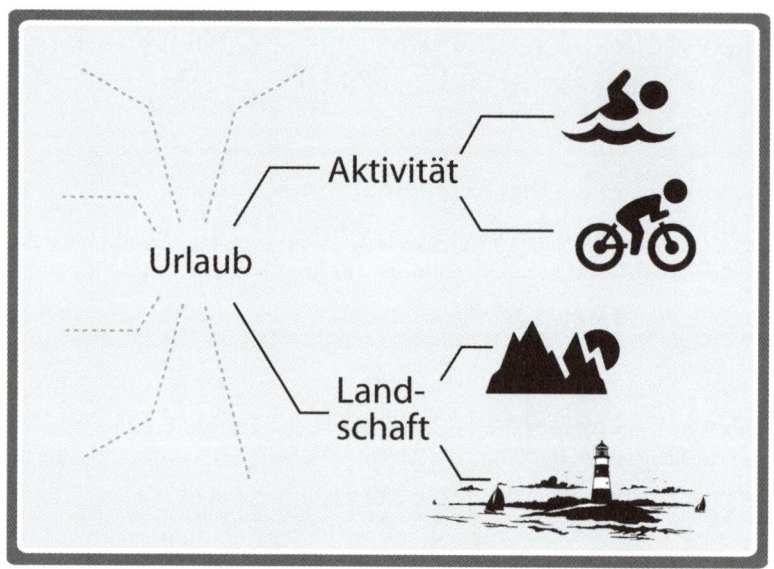

Abb. 14: Mindmap

• •

GEDANKENAUSFLUG

Mindmap Ihres Vorhabens

Spielen Sie Ihr Vorhaben einmal anhand folgender, möglicherweise für Sie relevanter Fragen durch:

→ Sind spezifische Zusatzqualifikationen erforderlich? Wenn ja, welche? Welcher Zeitraum muss kalkuliert werden? Wo könnten Sie diese Qualifikation erwerben? In Ihrem Wohnort? Oder ist eine Präsenzzeit an einem Institut oder einer Fernhochschule erforderlich? Was würde das bedeuten?

→ Ist Ihr künftiges Vorhaben an bestimmte Kooperationen geknüpft? Müssen Sie Mitglied eines Verbandes sein? Wenn ja, was ist mit der Mitgliedschaft verbunden?

→ Erfordert Ihr Vorhaben viele Reisen? Wie vereinbaren Sie das mit Familie und Freundeskreis? Haben Sie den Reiseaufwand auch finanziell durchkalkuliert? Müssen Sie verhandlungssicher in mindestens einer Fremdsprache sein?

Alle Handlungsstränge ziehen bis zu einem gewissen Limit weitere kleinere Handlungseinheiten nach sich und sind an etlichen Stellen miteinander vernetzt. Die am tiefsten verzweigten Äste sind im Regelfall die Arbeitspakete, an denen Sie aktuell ansetzen, um Ihr Ziel Schritt für Schritt zu verwirklichen.

Ihr Netzwerk – bauen Sie Kontakte gezielt auf!

100 Milliarden Neuronen und Synapsen bilden allein im menschlichen Gehirn ein feingesponnenes Netzwerk und schaffen eine ganz eigene Gesetzmäßigkeit, in der Wissenschaft als neurochemisches Mobile bezeichnet. Jede Bewegung löst eine Kaskade weiterer Bewegungen aus. Es entwickelt sich eine individuelle Dynamik des Geschehens. Ein Phänomen, das sich auch im heute so viel beschworenen Netzwerken abbildet. Netzwerken ist mehr als soziale Fellpflege in Gestalt freundlicher Plauderrunden. Es ist vielmehr die hohe Kunst gezielten Kontaktaufbaus im Koordinatenkreuz aus Komplexität und Dynamik gesellschaftlich-kultureller und ökonomisch-ökologischer Entwicklung.

IMPULSE AUS DER WISSENSCHAFT

Soziale Fellpflege

Verhaltensforscher sprechen von Putzritualen, wenn Menschen sich über Geplauder der gegenseitigen Bande versichern – ähnlich dem Lausen unter Primaten: der Schimpanse, der dem anderen den Floh aus dem Fell herausklaubt und ihn knackt, tut dies als freundliche Geste. Der amerikanische Anthropologe

Desmond Morris prägte Mitte der 70er Jahre den Begriff des „Grooming Talk", will heißen Fellpflege-Geplauder als Initiationsritual zum Aufbau einer sozialen Beziehung beim Homo sapiens. Der Grooming-Talk ist wiederum in verschiedene Phasen unterteilt. Vom kurzen Winken zum Nachbarn hinüber, über den Wangenkuss bei der Begrüßung, bis eben zum Geplauder in geselliger Runde; „belanglose Bemerkungen, die für sich gesehen kaum etwas besagen, mit denen wir aber stimmlich unsere Freude zum Ausdruck bringen, das Gegenüber zu sehen. Bedeutung und Intelligenzgrad der Fragen sind praktisch irrelevant". (In Auszügen entnommen aus: „Affen lausen, Menschen plaudern" von Margit Mertens, http://www.morgenweb.de/nachrichten/wissenschaft/affen-lausen-menschen-plaudern-1.317449)

• •

Auf den kleinsten Nenner gebracht, bedeutet Netzwerken, sich einen Kreis von Menschen aufzubauen, der einen in seinen Interessen und Vorhaben versteht, unterstützt und weiterbringt. In der Evolution des Homo sapiens bildeten über viele Jahrhunderte hinweg Nation und Familie die Bezugspunkte. Mit wachsender Komplexität durch globales Denken und Handeln in Politik, Wirtschaft und Gesellschaft und zugleich wachsender Dynamik der Geschehnisse, gewinnen weit über diese beiden Urformen hinausgehende Netzwerke zunehmend an Bedeutung. Hier unterscheiden wir zwei Basisformen:

➜ Die vererbten Netzwerke durch Tradition, etwa Burschenschaften,
➜ und die auf Initiative Einzelner begründeten, freien Netzwerke.

Je schneller sich die aus der Kombination von „dynamics" und „complexity" entstandene Dynaxity-Schraube dreht, desto mehr Bedeutung gewinnen die aus Eigeninitiative entstandenen Netzwerke.

Die Freiheit signalisierende Form rechtfertigt nun keineswegs den Schluss, hier ginge es regel- und zügellos zu. Weit gefehlt! Gerade dort, wo das Korsett der Traditionen keinen Halt mehr gibt, ist eine selbstdefinierte Disziplin existenziell. Wir haben eine kleine Liste zusammengestellt, woran Netzwerke scheitern:

➜ Wenn alle nur nehmen, aber nicht geben wollen,
➜ wenn jede Gefälligkeit sofort aufgerechnet wird: Ich habe Dir etwas vermittelt, jetzt vermittle Du mir gefälligst auch etwas;

→ wenn das Netzwerk die eigene desolate Situation ausgleichen soll,
→ wenn Erwartungen der Netzwerkpartner uneinheitlich sind, einige etwa das Ganze eher als psycho-mentale Wellness-Runde sehen, andere sich interessante Geschäftsabschlüsse erhoffen,
→ wenn die Netzwerkziele unklar sind.

Natürlich gibt es auch hier Konstellationen, die nicht so klar sind, wie sie scheinen. Wie hilfreich sind beispielsweise Netzwerke, in denen vorrangig Berufskollegen zusammenkommen, freie Journalisten oder Werbetexter, Architekten oder Künstler? Machen Sie sich nicht gegenseitig vornehmlich Konkurrenz? In jedem Fall ist hier ein Dämpfen der eigenen Erwartung angeraten. Sie können in einem solchen Kreis den Erfahrungsaustausch pflegen: Gerade für Selbstständige, die sich erst etablieren und in vielem noch unsicher sind, kann der Austausch mit Gleichgesinnten eine Art Seelenmassage sein. Und vielleicht treffen Sie hier auch Kollegen, die ihre Schwerpunkte etwas anders setzen, so dass Sie gegebenenfalls einem potenziellen Auftraggeber gemeinsam etwas anbieten können. Dennoch: Setzen Sie Ihre Erwartungen nicht zu hoch an!

Ähnliche Überlegungen gelten für die wirtschaftlich-soziale Einordnung von Netzwerkpartnern. Wenn Sie als Neustarter und Einzelkämpfer in der Selbstständigkeit auf Kundenschau sind, wird Ihnen ein Netzwerk, in dem sich lauter andere Einzelkämpfer (auch anderer beruflicher Sparten) tummeln, nur bedingt weiterhelfen. Gegebenenfalls mag hier eine Weiterempfehlung mit Blick auf Ihr Spezialwissen an einen Auftraggeber denkbar sein oder auch ein gemeinsam unterbreitetes Angebot. Aber wissen Sie wirklich genau, über welches Ansehen Ihr Mitstreiter verfügt? Checken Sie genau, ob in diesem Netzwerk für Sie potenziell interessante Auftraggeber vertreten sind oder Menschen, die Ihnen den Weg dorthin wirklich ebnen können.

Interessant können *Alumni-Netzwerke* der Universitäten oder Netzwerke der Wirtschaft sein, die sich bundesweit in großer Zahl präsentieren – wie etwa der Bundesverband Mittelständische Wirtschaft mit seinen Regionalablegern, fast unzählige Business Clubs und eher elitär angelegte Manager Lounges. Aber auch hier sollten Sie sorgfältig überprüfen, ob speziell dieses Netzwerk Ihnen jene Kontakte bietet, von denen Sie wirklich profitieren.

GEDANKENAUSFLUG

Ihre Netzwerkpolitik

Geht es um Ihr berufliches Vorwärtskommen, so spielen Ihre Netzwerkstrategie und das für Sie geeignete Netzwerk die entscheidenden Rollen. Die Netzwerkstrategie fußt auf Typ und Charakter Ihres Vorhabens.

➡ Ist Ihr künftiges Vorhaben eher regional oder eher überregional angelegt?

➡ Sind Sie eher überzeugter Solist oder können Sie sich Partnerschaften vorstellen?

➡ Könnten Partner Ihrer eigenen Branche Ihre Dienstleistung in gleicher Qualität anbieten oder ist Ihr Stil nicht übertragbar?

➡ Sind Partnerschaften mit Repräsentanten anderer Branchen möglich?

Diese Überlegungen bieten Ihnen bereits einen Indikator, welches Netzwerk für Sie das richtige sein könnte. Beim genauen Analysieren von Netzwerken variieren Sie Ihre Fragestellung:

➡ Wie relevant sind die Mitglieder dieses Netzwerkes für Ihre spezielle berufliche Richtung?

➡ Welchen Einfluss haben sie?

➡ Wie kommen Sie an diese Netzwerke heran?

● ●

Eine Sonderform bilden die sogenannten *Empfehlungsmarketing-Netzwerke*, deren Mitglieder auf Provisionsbasis einander Aufträge vermitteln. Ob Ihnen diese Art des „Netzwerkens" liegt, können Sie nur für sich selbst entscheiden.

Fachkongresse sind besonders für spezialisierte Dienstleister eine interessante Plattform. Etwa im Gesundheitswesen oder im Umwelt- und Ökologiebereich. Hier treffen Sie auf Repräsentanten von Organisationen, die für Sie potenzielle Auftraggeber oder auch Multiplikatoren sein können. Aber auch hier ist genaues Hinschauen angeraten; wer hat sich dort angemeldet? Welche hierarchische Position bekleiden mögliche interessante Ansprechpartner? Und achten Sie darauf, dass nicht die Hälfte der Besucher aus denselben Gründen den Kongress aufsucht wie Sie!

Wirtschaftsmagazine wie die *WirtschaftsWoche* etwa widmen sich regelmäßig dem Thema Netzwerken. Im Frühjahr 2013 lief etwa die Serie „Tickets zur Macht – Die Netzwerke der Mächtigen".

Summa summarum sind *Internetnetzwerke* wie XING, LinkedIn oder Google+ aus dem beruflichen „Dunstkreis" nicht mehr wegzudenken und sind oft der Wegbereiter für Zusammenkünfte im „realen" Leben. Welches Netzwerk für Sie optimal ist, das müssen Sie allerdings im Selbstversuch erkunden. Und unterschätzen Sie nicht potenzielle „Türöffner" aus Ihrem beruflichen und privaten Umkreis. Vielleicht arbeitet ein ehemaliger Studienkollege in der Branche, in die Sie gerne wechseln möchten? Oder ein ehemaliger Vorgesetzter kann Ihnen Wege ebnen?

Ihre Zeitplanung – jetzt tickt der Kurzzeitwecker

Zeitmanagement ist eine der am stärksten strapazierten Vokabeln unserer Zeit, in der wir im Regelfall vom Empfinden geplagt sind, nicht genug davon zu haben. Zum Zeitmanagement gibt es dermaßen viele Ratgeber, dass wir uns hier bewusst kurz halten. Zwei der aus unserer Sicht anschaulichsten Prinzipien seien hier genannt:

Das *Pareto-Prinzip*, benannt nach dem italienischen Ökonomen und Sozialwissenschaftler Vilfredo Pareto (1848–1923), besagt, dass 20 Prozent unserer Arbeit 80 Prozent unseres Erfolgs ausmachen – umgekehrt zeitigen 80 Prozent unserer Mühen nur 20 Prozent Erfolg. Ein sehr anschauliches Beispiel sind zeitaufwändige Arbeitsmeetings, in denen die wirklich wichtigen Entscheidungen oft in wenigen Sekunden gefällt sind. Aus diesem Prinzip lassen sich drei wichtige Erkenntnisse ziehen:

➜ Definieren Sie Ihre Ziele unmissverständlich und leiten Sie hieraus konkrete „to dos" ab.

➜ Berücksichtigen Sie frühzeitig mögliche Klippen, die Ihre Pläne behindern könnten, und beziehen diese in Ihre Planung ein.

➜ Lernen Sie Wichtiges von Unwichtigem zu unterscheiden.

Wer kennt es nicht: das Auf-die-lange-Bank-Schieben von Aufgaben, die unangenehm sind, aber durchs Aufschieben nichts von ihrem Beigeschmack verlieren, eher im Gegenteil. Das Phänomen firmiert in den Sozialwissenschaften unter dem Begriff „Prokrastination", aus dem Lateinischen „pro cras" – für morgen. Nur eine Strategie des Zeitmanagements – ob es die beste ist, überlassen wir Ihrer Entscheidung. (Ein paar konkrete Tipps gegen die „Aufschieberitis" finden Sie übrigens in der Phase „Act"). Andere Zeitgenossen halten sich streng an Termine und der ganz Beherzte erledigt stets das Unangenehme zuerst, „dann hab' ich's vom Tisch". Vielleicht könnte er es sich manchmal sogar leisten, das Unangenehme später zu erledigen oder sogar ganz unter den Tisch fallen zu lassen, weil es für sein Vorhaben keine Relevanz hat. Eisenhower weiß Rat.

Das *Eisenhower-Prinzip*, benannt nach dem amerikanischen General Dwight D. Eisenhower (1890–1969), beinhaltet die gedankliche Matrix der beiden Faktoren Wichtigkeit und Dringlichkeit. Das Attribut wichtig bezieht sich hier auf Inhaltliches, auf das Erfolgsentscheidende – wird das nicht erledigt, erwachsen Ihnen daraus Nachteile; das Attribut der Dringlichkeit bezieht sich auf die zeitliche Dimension, wann Sie welche Termine einzuhalten haben. Insgesamt sind vier Unterteilungen möglich:

→ Aufgaben, die wichtig und dringlich sind, sogenannte A-Aufgaben, sollten Sie am besten sofort und selbst erledigen;

→ solche Aufgaben, die wichtig, aber nicht dringlich sind, sogenannte B-Aufgaben, können Sie getrost auf einen späteren Termin legen; den allerdings sollten Sie dann auch einhalten!

→ Aufgaben, die dringlich aber nicht wichtig sind, sogenannte C-Aufgaben, können Sie gerne delegieren, Sie müssen nicht alles selbst machen.

→ Aufgaben, die weder wichtig noch dringlich sind, nennen wir die „Papierkorb-Aufgaben". Diese haben entweder keinerlei Relevanz für Ihr Vorhaben oder Sie entziehen sich schlicht Ihrem Einfluss, vergessen Sie sie einfach! Welche Art von Aufgabe das sein könnte, vertiefen wir gleich am Ende dieses Kapitels unter dem Stichwort „Zeitgeist".

Gerade weil Sie große Sorgfalt in Ihre Planungen stecken, ist es wichtig, dass Sie Ihre Ressourcen und Ihre Gestaltungsmöglichkeiten realistisch einschätzen. Lassen Sie die Erkenntnis zu, dass es Rahmenbedingungen gibt, die sich Ihrem Einfluss entziehen. Überlegen Sie genau, in welche Faktoren

Sie Energie investieren und wo Sie sich lieber zurücklehnen und die Dinge auf sich zukommen lassen. Sie möchten beispielsweise in das „noch in den Kinderschuhen befindliche" 3-D-Druck-Geschäft einsteigen, das wir in der Phase „Select" schon näher betrachtet haben, und einen Copyshop eröffnen? Ob dies ein langfristiger Trend sein wird oder lediglich eine vorübergehende „Marotte" des Zeitgeists – das entzieht sich Ihrer Einflussnahme. Wenn Sie nun solchen Unwägbarkeiten einen zu großen Stellenwert in Ihren Überlegungen einräumen, vielleicht sogar – ganz kühn gedacht – eine Studie in Auftrag geben wollen, geraten Sie rasch in die gefährliche „Ja-aber-Spirale", die Ihre Entscheidungsfindung blockiert. Vielleicht verstärken Sie ja mit Ihrer professionell verwirklichten Idee sogar noch den 3-D-Trend.

Der Pferdeflüsterer

Hilmar Bald

Warensortimente zusammenstellen, das Ladendesign festlegen, neue Filialen eröffnen: Eigentlich liebte Hilmar Bald seinen Job als Manager bei einer großen deutschen Elektronikmarkt-Kette. Nach einem Burnout sollte er nach 20 Jahren aussortiert werden – mit nicht einmal 40 Jahren. Zusammen mit seiner Frau macht er nun seine Pferdeliebe zum Beruf. Und baut im Westerwald einen Pferdehof auf.

Wochenlang hatte sich das Ereignis angekündigt, in den letzten Stunden hatte er immer wieder nach ihr geschaut. Aber als die Geburt kurz nach zehn Uhr losgeht, gibt es doch Komplikationen: Fohlen Sunshine Blue steckt fest, Mutter Spicy braucht Hilfe. Also packt Hilmar Bald das Fohlen kurz entschlossen bei den Vorderläufen und zieht mit aller Kraft. Ein paar Minuten später ist es geschafft: Mutter und Tochter liegen erschöpft, aber wohlauf im Stroh. Bald rubbelt das schlaksige Fohlen trocken, nimmt es in den Arm, knuddelt es liebevoll. Er desinfiziert den Bauchnabel des Fohlens und achtet darauf, dass es die so genannte Biestmilch von der Mutter annimmt, spätestens zwei Stunden nach der Geburt. Diese erste Säugung ist besonders wichtig, um die Abwehrkräfte des frisch geborenen Pferdes für seinen späteren Lebensweg zu stärken.

„Diese Schwangerschaft hat uns viele schlaflose Nächte bereitet, aber das haben wir gut hinbekommen", sagt Bald. „So eine Geburt erleben zu dürfen, ist mit das Schönste, was man sich vorstellen kann."

Zusammen mit seiner Frau Claudia hat Bald am Ortsrand von Daaden, einem Dorf am östlichsten Zipfel des Westerwalds, im März einen Bauernhof übernommen, den die beiden nun sukzessive zu einer Kombination aus Pferdepension und Reitbetrieb für Kinder umbauen. 45 Pferde leben bereits auf dem Hof, davon 28 Pensionstiere und 17 eigene. Ab Herbst sollen die Umbauten abgeschlossen, neue, moderne Boxen und Gruppenlaufställe für insgesamt rund 50 Pensionspferde geschaffen, außerdem Reithalle und Stallflächen modernisiert sein für rund 20 Schulungspferde. Auf Endmaßponys setzen die Balds, geduldige Tiere mit einer Risthöhe von knapp anderthalb Meter, die sich bestens eignen, um Kindern das Reiten nahezubringen. Ab Ostern 2014 sollen auch ganze Schulklassen hier Zeit verbringen, und auch für behinderte Kinder wird gesorgt sein, therapeutisches Reiten inklusive.

Bis dahin ist der Weg noch weit – und Fohlen zur Welt zu bringen für Bald nicht mehr als Kür. Die Pflicht ruft täglich kurz nach fünf Uhr morgens und endet selten vor 23 Uhr: Als Erstes heißt es nachsehen, ob alle Pferde die Nacht auf der Weide gut überstanden haben und keines ausgebüxt ist oder sich verletzt hat. Dann müssen die Tiere mit Wasser und Futter versorgt werden. Erst wenn die nicht mehr durstig oder hungrig sind, gönnt sich Bald selbst einen Kaffee – so gegen halb sieben. Danach heißt es Stall ausmisten, Hof kehren, den Boden der Reithalle glätten, Weiden mähen, Zäune ziehen.

Und wegräumen, was der vorherige Eigentümer über die Jahre angesammelt hat: Fünf Container mit je 20 Kubikmetern Fassungsvermögen hat Bald schon abtransportiert, angefüllt mit Plastik- und Metallschrott, mit Sandsäcken, aus denen schon kleine Bäume wuchsen, mit altem Holz und Steinen, die 20 Jahre am gleichen Fleck gelegen hatten. Bald wollen die Balds auch das Hauptwohnhaus nach ihrem Geschmack umbauen – bis dahin schlafen sie auf Matratzen in einer der vier Wohnungen im Nebenhaus, in dem nach dem Umbau künftig bis zu 30 Kinder und vier Betreuer nächtigen sollen – wenn im April 2014 wie geplant Ferienbetrieb und Reitschule für Kinder starten. Gegen 21 Uhr wartet die Büroarbeit, danach reicht die Kraft oft nur noch für ein paar Minuten Fernsehen. Oder für einen stummen, aber zufriedenen Blick durchs Fenster auf die Koppel.

„Die Tage sind sehr kräftezehrend, ich falle abends völlig erledigt, aber froh ins Bett", sagt Bald. „Und stehe morgens mit großer Vorfreude auf den Tag auf."

Ein Gefühl, das Bald schon vergessen zu haben schien – damals, als er noch als Manager für eine große Elektronikkette arbeitete. Regelmäßig abends per E-Mail kurzfristig Aufgaben übertragen bekam, die er bis zum nächsten Morgen erledigen sollte. Vor dem Einschlafen darüber grübelte, was an diesem Tag liegen geblieben war, was am kommenden Tag auf ihn wartete. Sich nachts schlaflos hin und her wälzte. Und morgens wie gerädert aufstand. Mit den Entscheidungen seiner Vorgesetzten haderte, bis er nicht mehr konnte und einen Burnout erlitt.

„Ich konnte kaum mehr aufstehen, keine Treppen mehr steigen, fühlte mich wie ein Neunzigjähriger", erinnert sich der heute Vierzigjährige, der mit seiner kräftigen Statur wirkt, als könne er Bäume ausreißen. „Dass es einmal so kommen würde, hätte ich nicht gedacht."

Denn eigentlich liebt Bald seine Arbeit, bleibt fast 20 Jahre lang dem gleichen Unternehmen treu: Aufgewachsen in Bad Homburg, entscheidet sich Bald nach dem Abitur bewusst gegen ein Studium („zu beliebig"), startet „aus meiner Liebe zur Technik" eine Lehre zum Einzelhandelskaufmann bei der

Elektronikkette ProMarkt in Eschborn bei Frankfurt, wird in Festanstellung übernommen, macht parallel zum Job Ausbilderschein und Handelsfachwirt. Wird mit Mitte 20 Erstverkäufer und Teamleiter, schließlich stellvertretender Leiter einer Filiale in Frankfurt, dann in Offenbach. Ende 2000 wechselt Bald in die Zentrale des ProMarkt-Mutterkonzerns Rewe nach Köln, soll von dort bundesweit für alle ProMarkt-Filialen als Category Manager die entsprechenden Einkäufer und Sortimente einzelner Warengruppen koordinieren. Erst Hifi-Geräte, Fernseher und deren Zubehör, später Mobilfunkgeräte (Handys), Navigationssysteme und Computer, schließlich den gesamten Zubehörbereich („alles, was keinen Stecker hat") – vom Kabel über Rohlinge bis zum Adapter.

Bald leitet ein Team von fünf Mitarbeitern, inklusive einzelner Mitarbeiter in den Filialen ist er zuständig für gut 100 Kollegen und ein Umsatzvolumen von bis zu 110 Millionen Euro. Er betreut die Eröffnung neuer Filialen ebenso wie die Umbaumaßnahmen in den Märkten. „Ich habe meinen Job geliebt", sagt Bald. Erkennt aber auch, dass die Geschäftsführung immer öfter Entscheidungen trifft, hinter denen er nicht steht. Deren Folgen er aber zu verantworten hat – ob es um die Gestaltung der Märkte geht, die Zusammensetzung des Sortiments oder die Mengen, in denen die Waren bestellt werden sollten. „Oft gab es radikale Schwenks innerhalb weniger Monate", sagt Bald. „Meine Meinung wurde nicht gehört, aber wenn es nicht lief, habe ich den Schwarzen Peter bekommen."

Rückblickend beschleichen ihn schon um das Jahr 2007 die ersten Zweifel, ob das denn alles so noch richtig sei. Eingestehen will er sich die Anzeichen einer aufziehenden persönlichen Krise allerdings nicht. Bald schuftet weiter, bis zum Zusammenbruch. 2010 fällt er mehrere Monate aus, begibt sich in stationäre Behandlung, sucht die Ursachen für seinen Burnout aber außerhalb der Arbeit. Im Februar 2011 kehrt Bald voller Euphorie zurück, lässt sogar die Reha sausen, um so früh wie möglich wieder arbeiten zu können. Und wird mit einer kalten Dusche begrüßt. Bei einem Gespräch mit seinem Chef, in dem Bald über seinen künftigen Einsatz sprechen will und bei dem auch die Personalchefin zugegen ist, wird schnell klar: Beide sehen ihn nicht mehr als Manager, empfehlen Bald, im Interesse seiner Gesundheit kürzerzutreten – zu für ihn unannehmbaren Bedingungen.

Bald sucht sich daraufhin einen Anwalt, der in seinem Namen mit seinem Chef einen Neustart aushandelt – der aber bleibt ein leeres Versprechen. Statt ihn bei der Wiedereingliederung ins Team zu unterstützen, fühlt Bald sich und sein Team drangsaliert. Mitarbeiter werden abgezogen, fallen krank aus. Bald soll sich zusätzlich zu seinen bisherigen Aufgaben um den Internetshop kümmern, die Sortimente ebenso komplett überarbeiten wie die Gestaltung der Läden. Nach einem halbem Jahr erleidet er einen Rückfall, holt die Reha nach, sein Anwalt vereinbart die Auflösung des Arbeitsvertrags, inklusive Abfindung und professioneller Beratung für einen Neustart.

„Da wusste ich schon", erinnert sich Bald: „Ich will nie mehr als Angestellter arbeiten."

Sondern sich mit seiner Frau selbstständig machen, die er 1999 in der Arbeit kennengelernt hatte. Und die nach knapp 15 Jahren ihre Zukunft ebenfalls außerhalb des Unternehmens sieht. Erste Ideen – Immobilienmakler, Hausverwaltung – legen die Balds schnell ad acta („zu eintönig"). Beginnen nach einem Grillabend bei der Familie der Schwägerin im Sommer 2011 aber darüber nachzudenken, die gemeinsame Liebe zu Pferden in eine Geschäftsidee umzumünzen. Schwager und Schwägerin betreiben einen Pferdehof in Niedersachsen, Bald und seine Frau sind begeisterte Reiter, halten damals bei Köln zwei eigene Pferde.

Die Überlegung, den Pferdehof der Schwägerin auszubauen, erweist sich jedoch als unrealistisch, weil benötigtes Land zur Erweiterung des Hofs schwer zu kriegen und sehr teuer ist. Also machen sich die Balds allein auf die Suche nach der neuen Zukunft, die aber weiter auf dem Rücken der Pferde liegen soll. Unterstützt vom Nachbarn, auf dessen Pferdehof sie ihre Tiere unterstellen, einem auf landwirtschaftliche Betriebe spezialisierten Steuerberater und einem Pferdemanager, den Bald während seines sechsmonatigen Crashkurses zum Pferdefachwirt an der Pferdeakademie Köln der Landwirtschaftskammer Nordrhein-Westfalen kennenlernt, erstellen die Balds erst einen Businessplan. Und machen sich ab Ende 2011 auf die Suche nach einem geeigneten Objekt. Sollten in den kommenden 18 Monaten rund 100 Hofanlagen besuchen. Am Wochenende heißt das: bis zu fünf Objekte pro Tag, 2000 km hinterm Steuer. Mal ist die Immobilie erschwinglich, aber keine zahlungskräftige Klientel im Umfeld, mal sind hohe Erträge möglich, aber

Hof, Grund und Boden unerschwinglich. Mal ist die Anlage zu klein, mal zu marode.

Schließlich bleibt der Silberhof im Westerwald-Dörfchen Daaden im Drei-Länder-Eck zwischen Rheinland-Pfalz, Nordrhein-Westfalen und Hessen, mit einem Einzugsgebiet von rund 100 000 Einwohnern. Ein in die Jahre gekommener Aussiedlerhof aus den frühen Fünfzigerjahren, auf dem Rinder und Pferde gehalten werden. Und den die Eigentümer nicht mehr weiterführen können. Einen hohen sechsstelligen Betrag zahlen die Balds für 9000 Quadratmeter Wohn- und Hoffläche, fünf Hektar Weidefläche, die unmittelbar an den Hof angrenzt, weitere 15 Hektar in unmittelbarer Umgebung – und jede Menge Arbeit. Nochmal die gleiche Summe hat Bald für Reparaturen, Modernisierungen und Umbauten eingerechnet – etwa auch fürs undichte Dach des Strohlagers.

Nicht leicht, für ein solch ambitioniertes Projekt Geldgeber zu finden: „Viele Banken haben gekniffen, konnten sich nicht vorstellen, dass sich unser Plan rechnet", erzählt Bald. „Also haben wir finanziell alles auf eine Karte gesetzt." Haben ihr Häuschen in der Nähe von Köln verkauft, alle Ersparnisse zusammengekratzt, Balds Eltern als Bürgen eingesetzt, sollten wirklich alle Stricke reißen. „Das geht nur, wenn man vom Erfolg seiner Idee überzeugt ist."

Als sich die Übergabe des Hofs plötzlich nochmal um sechs Monate verzögert, das eigene Haus aber schon verkauft ist, lagern die Balds ihren Hausrat ein, ziehen vorübergehend in die Bleibe eines Freundes im Bergischen Land, pendeln täglich 160 Kilometer in den Westerwald und wieder zurück. Und drohen zu verzweifeln. „Lang hätten wir das nicht mehr durchgehalten", sagt Bald, „dann wären wir vielleicht ausgewandert."

Darüber will er inzwischen gar nicht mehr nachdenken. Im Januar 2013 wird der Kaufvertrag endgültig unterschrieben, seit März verbringt Bald jeden Tag auf dem Hof. Zwar gebe es auch heute noch „Tage, an denen ich nicht weiß, wo ich zuerst anpacken soll", sagt Bald. Nicht mal zum romantischen Ausreiten in der Abendsonne finden er und seine Frau derzeit die rechte Muße. „Aber auch wenn mal was nicht so gut gelaufen ist, finden wir immer aufmunternde Worte für den anderen", sagen beide unisono. „Und zum Entspannen setzen wir uns einfach ans Fenster und schauen den Pferden zu."

Auf den Wurm gekommen

Jürgen Brenneisen

Dreher, Bühnentechniker, Lebensmittelhändler, Imbissbuden-besitzer, Mützenverkäufer: Jürgen Brenneisen hatte in seinem Leben schon viele Berufe. Mit 61 Jahren hat sich der gebürtige Ostberliner jetzt noch einmal neu erfunden: Auf seinem Bauern-hof in Brandenburg züchtet Brenneisen Würmer – und verkauft sie bis nach Dubai.

Beherzt greift er mit beiden Händen in den Kompost. Wirft die Brocken auf ein Tischchen, Erde bröckelt ab – und die ersten Würmer kommen zum Vorschein. Dünn, blass, nicht größer als drei, vier Zentimeter, recken sie sich aus dem Erdklumpen. 8000 Stück braucht Jürgen Brenneisen, die Bestellung ist gerade reingekommen, von einem Pferdehof in Belgien. Also steckt Brenneisen Tiere und Erde in weiße Plastikbeutel, wiegt ab – in einem Kubikmeter Erde kreuchen rund 1000 Würmer, wiegen etwa 600 Gramm. Ein Fünf-Kilo-Paket wird das, am frühen Nachmittag wird der Postbote es abholen. „So eine Bestellung muss man mitnehmen, das ist ein Haufen Geld", sagt Brenneisen. Und muss schon wieder ans Telefon.

Warum er die Päckchen nicht selbst zur Post bringt? Statt eine Antwort zu geben, lacht der 61-Jährige nur kurz auf. „Wie soll ich das noch schaffen?", fragt er zurück. Mindestens 30 solcher Pakete stellt der kleine, quirlige Mann mit Baseballkappe, Schnauzer und blitzenden, hellwachen Äuglein jeden Tag zusammen, im Schnitt mit 3000 Würmern. Allein im März hat er 90.000 Kompostwürmer verschickt. Seine Kunden kommen vor allem aus Deutschland, Österreich und der Schweiz – Pferdehalter, die ihren Mist entsorgen müssen, Gärtnereien, Angler, Terrarienbesitzer auf der Suche nach Futter für ihre Tiere, etwa Gekkos. Aber auch in die Türkei, nach Norwegen, Spanien, Mexiko und Dubai hat er seine Ware schon versendet.

„Das geht schon das ganze Jahr so", sagt Brenneisen, „Ostern und Pfingsten waren die Hölle, nicht mal an Weihnachten ist Pause."

Brenneisen züchtet die Tierchen auf einem alten Bauernhof in Nassenheide, einem 1500-Seelen-Dorf im tiefsten Brandenburg, gut 30 Kilometer nordwestlich von Berlin, mit einer Kirche, gepflasterten Straßen, an den Wegesrand geduckten, eingeschossigen Häuschen. Sechs so genannte Wurmmieten hat Brenneisen im hinteren Teil seines 5000 Quadratmeter großen Grundstücks angelegt. Rund 20 Meter lange und einen Meter breite Kompoststreifen sind das, abgedeckt von einer Plastikplane, die er mit Autoreifen vor dem Wind schützt. Unter den Planen wächst und gedeiht, womit Brenneisen sein Geld verdient: Kompostwürmer. Die ernähren sich hauptsächlich von altem Obst („auf Melonen und Trauben sind sie besonders scharf"), Gemüse- und Brotabfällen, die Brenneisen regelmäßig vom nahe gelegenen Supermarkt einsammelt, und verwandeln den Biomüll in wertvollen Humus.

Ist eine neue Bestellung eingegangen, sticht Brenneisen eine entsprechende Menge Kompost mit dem Spaten ab, transportiert ihn mit einer Schubkarre in die alte, baufällige, dustere Scheune. Die hatte er eigentlich längst abreißen wollen, sogar einen Interessenten für die dicken, soliden Holzbalken hatte er schon. Jetzt stehen hier zwischen allerlei landwirtschaftlichem Gerät alte Holztische mit Lampen, mit deren Licht er die Würmer aus den Erdklumpen lockt. Und Kisten mit Kompost, in denen Kanadische Riesenrotwürmer wühlen, die bei Anglern als Köder und Terrarienbetreibern als Futter sehr begehrt sind. Selbst in Wohnungen sei Kompostieren möglich, sagt Brenneisen. Ob Filtertüten oder Kartoffelschalen – „wenn der Wurm kompostiert, ist das völlig geruchlos".

An Gärtnereien verschickt er auch mal Wurmeier, die er meist bei einem Spezialisten zukauft. „Wie kleine Zitronen sehen die aus", sagt Brenneisen. Sie sind außerdem besser zu transportieren und nicht so teuer wie bereits ausgewachsene Tiere, die nach zwei Monaten die volle Größe erreicht haben. „Würmer sind effektiver, wenn sie schon in der Umgebung aufwachsen, in der sie später arbeiten sollen", sagt Brenneisen, der sich sein Wissen über die Tierchen, die jetzt seinen Lebensunterhalt sichern, durch Fachliteratur und intensive Internetrecherche angeeignet hat. „Früher wusste ich nicht mal, dass Würmer Eier legen."

Heute schmeißt er jeden Tag um acht Uhr den Computer an, überprüft die Bestellungen, die über Nacht per E-Mail reingekommen sind, beantwortet am Telefon Rückfragen zu Preisen und Transport der Würmer, verpackt die bestellten Würmer, druckt die Paketmarken, verschickt für jede Sendung eine Bestätigung, wenn die Sendung den Hof verlassen hat. Brenneisens Anspruch: jede Bestellung am gleichen Tag bearbeiten – einzige Ausnahme: Wenn das Thermometer über 25 Grad steigt, stellt er den Versand ein. Zu gefährlich für die Würmer – wird ihnen zu warm, gehen sie ein.

„Ich könnte längst mit ner dicken Zigarre auf den Malediven sitzen", sagt Brenneisen, „wäre mir die Idee mit den Würmern nur früher gekommen."

Dabei gibt es im Berufsleben des 61-Jährigen kaum etwas, was er unversucht gelassen hätte: Nach der Schule absolviert er eine Druckerlehre in Ostberlin – ein Beruf, den er nur kurz ausübt. Er schlägt sich mit verschiedenen Jobs durch, wechselt schließlich ans Maxim-Gorki-Theater, ist dort verantwortlich für die Technik der Studiobühne, begleitet das Ensemble auch zu diversen Gastspielen in den Westen.

Um dem Wohnungsmangel in Berlin zu entfliehen, zieht er mit Frau und Tochter 1984 nach Nassenheide. Kauft dort einen alten Bauernhof, mit Baujahr 1884 eines der ersten Häuser im Ortskern. Anfangs pendelt er zum Arbeiten weiter nach Berlin, zieht nebenbei mit Hühnern und Schweinen eine kleine Landwirtschaft auf, „es reichte für ein kleines Zubrot".

Kurz vor der Wende 1989 gibt Brenneisen seinen Job am Theater auf und macht sich endgültig selbstständig: Er kauft von den umliegenden Bauernhöfen Obst und Gemüse auf und verkauft es von seinem eigenen Hof aus weiter. Aus dem Hofladen entsteht ein kleiner Tante-Emma-Laden, in dem Brenneisen auch Westware anbietet. „Wir haben alles rangeschleppt, was wir kriegen konnten", erinnert sich Brenneisen, „der Laden lief wie geschnitten Brot."

Bald aber kommen auch ins Brandenburgische die Supermarktketten, Brenneisen kann nicht mehr mithalten mit Warenauswahl und Niedrigpreisen – die Kunden bleiben weg, 1999 ist Schluss, „wir waren einfach zu naiv".

Ein Jahr später hat sich Brenneisen wieder berappelt, stellt die Zeichen auf Neustart: Am nahen Bernsteinsee, einem beliebten Ausflugsziel, eröffnet er einen Imbiss mit selbstgemachtem Essen: Kartoffelsalat, Bratwürste, Schnitzel, Buletten. Brenneisen macht „Umsatz ohne Ende" – und eröffnet einen zweiten Imbisswagen an der B96, Zielgruppe Fernfahrer – auch der „lief richtig gut".

Nach fünf Jahren ist auch mit dieser Geschäftsidee wieder Schluss: Der Park- und Stellplatz für den Imbisswagen an der Bundesstraße wird dicht gemacht, die Miete für den Stellplatz am See steigt so extrem, dass Brenneisen nur der Rückzug bleibt.

Nach „ein bisschen Leerlauf" nimmt Brenneisen den nächsten Anlauf: Er eröffnet ein Textilgeschäft im nahen Oranienburg, spezialisiert sich auf Kopfbedeckungen – Hüte, Mützen, Käppis – „das gab es damals bei uns nicht". Wieder läuft es anfangs sehr gut, wieder bricht die Nachfrage ab – diesmal nach gut drei Jahren. „Wir haben zum Schluss nur noch dafür gearbeitet, die Kosten einigermaßen zu decken", sagt Brenneisen. Und schließt das Geschäft, „bevor wir richtig ins Minus rutschen."

Brenneisen geht zu diesem Zeitpunkt bereits auf die 60 zu – und muss sich ernsthaft fragen: „Was machste nun?" Klar ist für ihn nur: „Irgendwas musste passieren – ich hatte mich mein ganzes Leben lang immer wieder neu erfunden, mich immer wieder hochgewühlt. Da wollte ich mich nicht einfach für den Rest meiner Tage aufs Sofa setzen und Hartz IV kassieren."

Weil die Rücklagen durch die Pleite mit dem Textilladen komplett aufgebraucht sind, geht es anfangs zwar nicht ganz ohne staatliche Unterstützung. Doch statt frustriert vor dem Fernseher zu versacken, setzt sich Brenneisen an seinen Rechner, durchsucht das Internet systematisch nach möglichen Geschäftsideen. Sein Prinzip: Auch mal querdenken, gezielt nach Marktnischen suchen. Und nicht nur nach Ideen, die seinem vorhandenen Können entsprechen. „Ich muss ja nicht vom Fach sein, kann mich auch in neue Materien reindenken."

Brenneisens erster Versuchsballon: Er bietet sich in kostenlosen Kleinanzeigen als Haushüter an – das Interesse ist gering. Auch auf seine zweite Idee – maschinelle Matratzenreinigung – bekommt er fast keine Resonanz. Als nächstes entdeckt er Goji-Beeren – eine extrem vitaminreiche Frucht, die hohe Profite verspricht –, die er auf seinem großen Grundstück anbauen könnte. Obwohl auch dieser Versuch erfolglos endet, verzagt Brenneisen nicht – und stößt im Netz schließlich auf das Stichwort Wormfarming. Brenneisens Englisch ist zwar kaum existent – „aber dass es hier um Wurmzucht geht, det hab ick gleich verstanden". Aus dem Freundes- und Bekanntenkreis kommt nur Gegenwind („Würmer? Bist Du wahnsinnig?") Doch seine weiteren Recherchen machen ihm schnell klar: In den USA ist das schon ein Riesengeschäft, „da hat jede Stadt ihren eigenen Wurmfarmer". In Deutschland dagegen gibt es damals praktisch keine Anbieter. Wieder schaltet er ein paar kostenlose Kleinanzeigen – noch bevor er überhaupt Würmer vorrätig hat. Und wird von Nachfragen überrannt. Da ist ihm klar: „Das funktioniert mittelfristig auch in Deutschland – das war mein Treffer, da hatte ich Lust drauf."

Sofort nagelt er aus ein paar Brettern eine Kiste zusammen, legt einen Komposthaufen an. In seinen Kombi stellt er ein paar leere Bottiche, grast die Umgebung nach Misthaufen ab, in der Hoffnung, mit dem Dung auch genügend Würmer einzusammeln. Gut 50.000 Stück, so schätzt er, hat er schnell eingesammelt, die erste Kiste wird bald zu eng, er baut zwei weitere.

Weil sein Angebot gleich gut einschlägt, ist ihm schnell klar: „Mit Hofverkauf komm ich nicht weit." Also musste ein Onlineshop her. Er nutzt seine alte Homepage, baut sie um, macht sich schlau in Sachen Online-Vermarktung. Hört sich in Foren um, bucht „Keeewörds", macht „ein bisschen Feeesbuk" – und hat „bald viereckige Augen vor lauter Programmieren".

Parallel macht er sich auch über das Leben der Würmer schlau – mehr als seine Erfahrung als leidenschaftlicher Angler hat er anfangs nicht. Er informiert sich im Internet, liest kostenlose E-Books. Weiß bald, wie schmerzempfindlich Würmer sind, wie sie sich vermehren, dass sie fünf Herzen und sechs Nieren haben. Nur: „Wie man sie züchtet, was sie fressen – das war nirgends beschrieben", sagt Brenneisen. Bis er im Fernsehen eine Reportage über einen Tomatenfarmer in Südafrika sieht, der auch Würmer zum Kompostieren einsetzt. „Seine Tipps waren mein i-Tüpfelchen – jetzt funktioniert es, ich kann davon leben, und es macht Spaß."

Brenneisen genießt es, „keinen Arbeitsweg zu haben – und keinen, der mir sagt, was ich zu tun und zu lassen habe".

Das entscheidet er nach wie vor am liebsten selbst. Gründerzuschuss – für Brenneisen ein Fremdwort. „Ich musste mich doch um die Würmer kümmern – für Geld vom Staat hatte ich da keine Zeit."

Lieber steckt er seine Energie in neue Ideen: Mit Tierparks will er künftig kooperieren, Öko-Projekte für Schulen anbieten – „da können die Kinder die Würmer füttern und mal genau beobachten, wie die arbeiten".

Um all die Pläne in die Tat umsetzen zu können, will er demnächst noch mehr Wurmmieten anlegen, einige Aushilfen einstellen und eine Siebmaschine anschaffen. „Die rüttelt eine Lieferung Würmer in vier, fünf Minuten aus dem Kompost", sagt Brenneisen. „In der Zwischenzeit kann ich was anderes machen."

Vielleicht sogar ein bisschen ausspannen: Ein Bötchen hat Brenneisen sich kürzlich zugelegt, zum Angeln auf dem nahe gelegenen Dreedsee. Eine Idylle aus Seerosenfeldern, Libellen, sogar Biber kann er da beobachten. Und – mit seinen eigenen Würmern – auf ein paar dicke Fische hoffen.

„Hartz-IV-TV den ganzen Tag – das kann ich nicht", sagt Brenneisen. „Man will doch noch was schaffen – 61 ist schließlich kein Alter."

Act
Vom Denken zum Tun

Es gibt nichts Gutes. Außer man tut es", prononcierte der deutsche Schriftsteller Erich Kästner (1899–1974). In leicht variierter Form haben wir den Gedanken des jetzt notwendigen Handelns schon in der Phase „Scan" aufgegriffen: Dort haben wir von dem Risiko gesprochen (Abb. 2), das nicht einzugehen wir uns nicht erlauben dürfen: Wenn wir jetzt nicht aufspringen, fährt der Zug ohne uns weiter. Auch hier wieder stehen wir vor einem Moment der Entscheidung, einem Geschehen, mit dem der Mensch nicht selten hadert, wie wir es bereits in „Select" unter der Titelzeile „Die Ja-aber-Spirale" dargestellt haben. Jetzt, an diesem Punkt, an dem Sie aktuell innehalten, geht um die Umsetzung Ihrer so sorgfältigen Vorbereitungen, um den entscheidenden Sprung über die Zielmarke.

„Hic Rhodos, hic salta!" (Hier ist Rhodos, hier springe) entstammt der Fabel des griechischen Dichters Äsop, ca. 600 v. Chr., in der ein Fünfkämpfer unentwegt mit seinen Leistungen im Weitsprung auf den Klippen der Insel Rhodos prahlt, niemand hat ihn jedoch bislang springen sehen. Bis seinen Zuhörern der Geduldsfaden reißt: sie wollen den Worten Taten folgen sehen.

· ·

GEDANKENAUSFLUG

Gefährliche Aufschieberitis

In „Create/Jetzt tickt der Kurzzeitwecker" haben wir das Phänomen der „Prokrastination", volkstümlich „Aufschieberitis", bereits gestreift. Ein Ärgernis, das sogar die Wissenschaft beschäftigt und uns Selbsthilfekräfte abverlangt – sonst träumen wir noch nach Jahrzehnten von unserem nie begonnenen Vorhaben. Hier fünf auf Ihre aktuelle Situation des Neustarts angepasste Strategien – die hier erwähnten Werkzeuge finden Sie in der Phase „Create":

→ Setzen Sie Prioritäten, was wirklich wichtig und dringlich ist, etwa mit der Eisenhower-Methode.

→ Bleiben Sie organisiert, etwa indem Sie mit Hilfe der Mindmap-Methode Ihre aktuellen „to dos" in praktikable Einheiten splitten.

→ Machen Sie Ihre Ziele bekannt, so setzen Sie sich selbst unter den erforderlichen Druck, nun auch handeln zu müssen.

→ Überspringen Sie den Klippenabgrund auf Rhodos. Sonst glaubt Ihnen nachher keiner mehr.

→ Suchen Sie sich gegebenenfalls einen Mentor, einen Ihnen freundlich gesonnenen Antreiber, der Sie immer wieder unnachgiebig ermuntert, ja auffordert, jetzt das Notwendige zu tun.

→ Feiern Sie Ihre Erfolge. Teilschritte, die Sie erfolgreich gegangen sind, verdienen Ihr (Selbst-)Lob, so stimulieren Sie Ihr Belohnungssystem im Gehirn.

Ob und in welchem Maß Sie zum Aufschieben neigen, können Sie in einem Test der Westfälischen Wilhelms-Universität Münster überprüfen: (http://unipark. de/uc/selbsttest_prokrastination/)

• •

Aber warum tun wir etwas – oder tun es eben nicht? Was treibt uns in entscheidenden Momenten zum Handeln oder hält uns davon ab? Unser – starker – Wille? Oder unser in diesem Moment möglicherweise zu schwacher Wille, um unser Vorhaben auch umzusetzen? Der römische Philosoph Seneca sagte: „Nicht weil es schwer ist, wagen wir es nicht, sondern weil wir es nicht wagen, ist es schwer." Oder ist unser Wille auch ein Korrektiv, das uns über die bewusste Entscheidung hinaus zu einem bestimmten Tun oder eben Unterlassen treibt? „Warum nur kann ich mich nicht dazu aufraffen, jetzt dieses Vorhaben umzusetzen? Es spricht doch alles dafür!" Vielleicht haben wir etwas Wichtiges nicht bedacht oder übersehen und dieses implizite Wissen hält uns instinktiv zurück?

Der Wille beschäftigt uns vielleicht auch deshalb so stark, weil wir ihn mit der puren Ratio nicht erfassen können, weil es ein Prozess ist, der sich unserer rein vernunftorientierten Steuerung entzieht. Zollen wir ihm (auch) deshalb so einen hohen Tribut? Wo ein Wille ist, ist auch ein Weg, heißt es aufmunternd, wenn das Ziel schwer erreichbar scheint. Wir sprechen vom Willen, der Berge versetzt, oder verheißen zögerlichen Naturen: „Du musst es nur wollen!" Um die Jahrtausendwende herum surften – oft zu Gurus verklärte – Motivationstrainer sehr erfolgreich auf dieser Welle, füllten ganze Säle mit ihren Versprechungen, dass allein die Kraft des Wollens alle Widerstände beiseite räumen würde. Ist das so? Ist der „eiserne Wille" wirklich „des Menschen Himmelreich"? Und bekommen wir das, was wir wollen, wenn wir es nur intensiv genug wollen? Und was genau wollen wir eigentlich? Ist uns bewusst, was wir warum wollen?

Auch hier wieder zeigen sich uns zwei Seiten der Medaille: Die erschreckende Seite des unbedingten Willens etwa spiegelt der von Leni Riefenstahl gedrehte Propagandafilm „Triumph des Willens" zum NS-Reichsparteitag 1934. Die visionär-positive Seite des unbedingten Willens verkörpert Porträtpartner **Jan Bredack**, der nach einem bereits bis dato spektakulären Karrierelauf bei Daimler im Juli 2011 das erste Geschäft der von ihm gegründeten veganen Supermarktkette Veganz eröffnet – Ende 2015 sind bereits 21 Läden europaweit avisiert: „Ich habe mich immer als Unternehmer verstanden", sagt Bredack.

IMPULSE AUS DER WISSENSCHAFT

Zwischen Affekt und Grübeln

Die willentliche Handlungssteuerung des Menschen steht im Zentrum der Forschungen des Lehrstuhlinhabers für differenzielle Psychologie und Persönlichkeitsforschung an der Universität Osnabrück, Julius Kuhl. In den jeweiligen Extremen gibt es den „Typus" Mensch, der vorrangig affektiv, also sehr schnell handelt, bevor er lange analysiert (Handlungsorientierung), und seinen Gegenpart, der zum intensiven Analysieren, ja Grübeln neigt – und darüber das Handeln versäumt (Lageorientierung). Am Faktor Misserfolg lassen sich diese Antipoden des Handelns anschaulich darstellen. Jede der beiden Ausprägungen kann je nach Situation durchaus dienlich sein.

→ Ein Mensch ist arbeitslos geworden: Der Handlungsorientierte strebt nach sofortiger Verbesserung der Situation, der Lageorientierte neigt zum retrospektiven Analysieren, warum er in diese Lage geraten ist.

→ Ein Mensch hat sich an der Börse verspekuliert: Der Handlungsorientierte wird gleich aufs nächste Wagnis setzen, er will die Situation durch Aktivität verbessern – und läuft Gefahr, Umstände zu ignorieren, die seinem Einfluss entzogen sind. Der Lageorientierte nimmt die Gesamtsituation unter die Lupe – und stellt unter Umständen fest, dass er einer Spekulationsblase aufgesessen ist.

Wie in so vielen Betrachtungen menschlichen Denkens und Verhaltens geht es auch hier nicht um richtig oder falsch. Es geht darum, Handlungsmuster zu erkennen und sie auf ihre Tauglichkeit für die jeweilige Situation zu überprüfen.

Wann überschreiten Sie den Rubikon? Ein Check Ihrer Willensbildung

Unser Wille richtet sich letztendlich auf ein bestimmtes, nun gültiges und nicht mehr revidierbares Tun. Erst vor gar nicht allzu langer Zeit sprach Altpräsident Christian Wulff davon, dass eine große deutsche Tageszeitung mit einem bestimmten Verhalten nun den Rubikon überschritten habe. Der Ausspruch geht auf den Imperator Cäsar zurück, der 49 v. Chr. mit seinen Truppen den Fluss Rubikon überschritt und damit eine Kriegserklärung abgab. Bis zu dieser Handlung aber hatte Cäsar das Für und Wider seines Tuns sorgfältig abgewogen. In der Psychologie firmiert dieser Prozess unter Rubikon-Modell.

„Welche Karriere müssen Wünsche durchlaufen, damit sie effektiv in relevante Handlungen umgesetzt werden können?", heißt es in einem Beitrag zum Zürcher Ressourcen Modell, einem auf dem Rubikon-Modell beruhenden Selbstmanagementtraining (Krause/Storch 2006): „Einmal im Bewusstsein aufgetaucht, durchläuft der Wunsch gewisse Reifestadien, bis der betreffende Mensch soweit mobilisiert, motiviert und aktiviert ist, dass der Wunsch zum Ziel wird, mit Willenskraft verfolgt und aktiv umgesetzt wird."

Zuerst ist der Wunsch bei Ihnen aufgetaucht, etwas zu verändern – sonst hielten Sie jetzt wohl kaum dieses Buch in Händen. Der Reifeprozess, um aus diesem ersten Wünschen heraus eines nicht fernen Tages ein neues Lebensmodell kultiviert zu haben, beginnt bereits mit Ihrer Bereitschaft, sich grundlegend mit Ihrer aktuellen Situation auseinanderzusetzen. Diese in der SISCA-Formel als „Scan" bezeichnete Phase ist der erste zarte Keimling in Ihrem Willensprozess. Sie sind uns durch die weiteren Reifestadien der Introspektion (Insight), der Zielbildung (Select) und der Handlungen zur Konkretisierung (Create) gefolgt. Nun steht die Umsetzung ins Haus.

Die SISCA-Formel wird durch Erkenntnisse in der Wirtschafts- und Managementforschung bestätigt. Hier spricht man von Volition, als einer „Anordnung selbst-regulativer Strategien, in der explizite Handlungstendenzen gegenüber Verhaltensimpulsen dominieren" (Kehr 2004): Der Sieg des Willens beispielsweise über die Angst, die einen Menschen in letzter Sekunde vom geplanten Vorhaben zurückzucken lässt oder auch –umgekehrt betrachtet – der Sieg des Willens über ein unvorsichtiges Vorpreschen durch die Freude auf das nahende Ziel.

In einer Managementstudie der Technischen Hochschule Mittelhessen (Pelz 2012) zeigt sich, dass selbst Manager, bei denen wir gemeinhin zielorientiertes, stringentes Handeln erwarten, zu 90 Prozent zu einem volitionalen Tun nicht fähig waren. In der Studie wurden die Phasen der Willensbildung in Gestalt von Gedanken, Gefühlen und Wissen zum avisierten Vorhaben überprüft und ausgewertet: Nur zehn Prozent der Manager-Kohorte wies die ideale Energie und Fokussierung auf, um ihr Ziel auch zu erreichen. Die restlichen 90 Prozent waren entweder hyperaktiv, aber erfolglos oder distanziert und zögerlich und somit unwirksam. Sie waren „willenlos" einem individuell-spezifischen Verhaltensmuster gefolgt, ohne dies dem situativen Erfordernis anzupassen.

Das wird und braucht Ihnen nicht passieren. Volition ist in unserer Definition die Kunst, gegensätzliche Handlungstendenzen situationsgerecht einzubinden und sich im gesamten Reifeprozess immer wieder zu gegenwärtigen: Auf welchen Punkt muss ich meine Aufmerksamkeit legen, auf welchen nicht? Mit diesem Buch möchten wir Ihnen zur Seite stehen, damit Sie auch nach (vollkommen normalen) Rückschlägen oder Störfeuern immer wieder auf Ihren Kurs zurückfinden. Vielleicht werfen Sie jetzt noch einmal einen Blick zurück? Etwa auf Ihre Motivlage? In den Kapiteln „Scan/Wenn die Unlust überwiegt" und „Insight/Ihre Lebenswerte" haben wir einige Aspekte aus der Motivationsforschung gestreift. „Warum tue ich eigentlich das, was ich gerade tue?" Gefühle spielen hier eine entscheidende Rolle – und wieder einmal die Neurobiologie.

IMPULSE AUS DER WISSENSCHAFT

Im Sog der Neurotransmitter

Die großen Drei, nannte der Verhaltens- und Sozialpsychologe David McClelland (1917–1998) die erlernten und im beruflichen Kontext besonders relevanten Bedürfnisse des Menschen nach Leistung, Macht und Zugehörigkeit – in Abgrenzung zu kreatürlichen wie Hunger, Durst und Sex. Die drei Motive sind empirisch gut untersucht und jeder Motivlage lässt sich ein leitendes Gefühl zuordnen. Der Stolz, „das habe ich geleistet", die Wirksamkeit, „das habe ich so bestimmt", und das Bedürfnis nach Geborgenheit, „im Team gehöre ich dazu". Im Gehirn bilden sich diese Empfindungen in einem Feuerwerk neuronaler Prozesse ab, wie es McClelland in seinen Forschungen an der Harvard Medical School nachgewiesen hat (Literaturverzeichnis). Beim Machtmotiv sind die Nervenbotenstoffe Epinephrin und Norepinephrin auf Reisen, bei der Leistung werden Vasopressin und Arginin ausgeschüttet und beim Wunsch nach Zugehörigkeit zeigt sich eine hohe Dopamin-Konzentration im vorderen Hirnareal Nucleus accumbens.

Schauen Sie noch einmal sehr genau auf die Übereinstimmung Ihres Vorhabens mit Ihren Motiven, möglicherweise ist eine nicht optimale Passung der Grund für Ihr Zögern?

GEDANKENAUSFLUG

Warum mache ich das eigentlich?

→ Der Zugehörigkeitsmensch: Sind Sie in Ihrem Vorhaben vornehmlich auf sich selbst gestellt? Sie würden aber viel lieber mit einem Team arbeiten?

→ Der Machtmensch: Funken Ihnen in Ihrem Vorhaben nach Ihrem Geschmack zu viele Begleiter dazwischen, die auch was zu sagen haben oder den Anspruch stellen?

→ Der Leistungsmensch: Können Sie in Ihrem Vorhaben (doch) nicht im gewünschten Maß Ihr Können unter Beweis stellen? Braucht es zu viel an Komplementärexpertise?

Und noch einen Schritt weiter im Check Ihres Willensprozesses, zum Wissen rund um Ihr Vorhaben, bei dessen Sammlung wir Sie in der Phase „Select" begleitet haben – vielleicht steckt hier „der Wurm drin"? Sie haben sehr intensiv zu Ihrem Ziel recherchiert. Möglicherweise haben Sie sich aber zu sehr auf die rationalen Argumente fokussiert, die Ihnen dieses spezielle Ziel angeraten erscheinen ließen, auf das in der Phase „Insight" vorgestellte, vom Hirnforscher Pöppel eruierte rein explizite „Zahlen, Daten, Fakten-Wissen". Umgangssprachlich ausgedrückt: Kopf dominiert über Bauch. Was heißt das für Sie und Ihr Vorhaben? „Ich-fernes Wissen" ist wertvoll, daran gibt es keinen Zweifel; dennoch sollte der Rückgriff auf Gefühle, Empfindungen, Erfahrungen, auf das implizite, ich-nahe Wissen (Pöppel) bei der Zielfindung nicht aus dem Blick geraten. Menschen, die Ihre Ratio zum alleinigen Maßstab erheben, laufen Gefahr, sich selbst und ihr Blickfeld einzuengen, sich einer unerbittlichen Selbstkontrolle zu unterwerfen, im Rahmen derer sie ihre (gedanklichen) Gestaltungsspielräume selbst begrenzen. „Ich habe jetzt alles so genau bedacht, nun muss ich das auch umsetzen" ist Ausdruck eines in diesem Fall mit Vorsicht zu betrachtenden eisernen Willens. Vielleicht gibt es ja noch andere Möglichkeiten, die Sie mit dem „Tunnelblick" derzeit nicht sehen? Und Sie spüren das „instinktiv"?

Ihr Vorhaben auf den Kopf gestellt – Erkenntnis im Gegenteil

„Ganz im Gegenteil", haben die bereits im Kapitel „Select" zitierte Diplom-Psychologin Insa Sparrer und der Wissenschaftstheoretiker Matthias Varga von Kibéd das Wesen des Querdenkers gleich in ihrem Buchtitel auf den Punkt gebracht. Dinge genau umgekehrt zu betrachten, ist eine Variation der Denkakrobatik und des systemischen Denkens, um Lösungen zu finden – mehr noch, sich ihrer gegenwärtig zu werden. Die Kopfstandmethode greift diesen Ansatz in einer sehr praktikablen Übung auf.

Denken gegen den Strich

Das bewusste Falschargumentieren, um derart zum Kern der Sache vorzustoßen, geht auf die Sophistiker zurück. Von etwa 450 bis 380 v. Chr. boten die Anhänger dieser Denkrichtung Schulungen an, heute würden wir von Seminaren oder Workshops sprechen. Der Philosoph Hegel brach Anfang des 19. Jahrhunderts eine Lanze für die sehr umstrittene Denkschule: Hier bestimme das Subjekt selbst seine Gedanken und Wahrnehmungen. Noch heute sprechen wir von „Sophisterei", wenn jemand eine Aussage so verdreht, dass man dreimal um die Ecke denken muss, um sie zu verstehen. Positiv findet der Begriff im Englischen Widerhall: Als komplex, intellektuell, niveauvoll gilt eine Argumentationsführung oder auch ein Lebensstil unter dem Label „sophisticated".

Mit der Kopfstandtechnik stellen Sie nun Ihr Vorhaben praktisch auf den Kopf.

→ Sie formulieren ein Negativziel, also genau das Gegenteil von dem, was Sie positiv wollen;

→ Sie überlegen, wie Sie es schaffen, das Negativziel zu erreichen.

→ Nach der ausgiebigen Suche nach falschen Ansätzen wird es Ihnen nun umso leichter fallen, hieraus die positiven Strategien abzuleiten und zu entwickeln.

Diese Technik ermöglicht das Loslösen von gewohnten Denkmustern und kann durch die „verkehrte Weltsicht" vollkommen neue Aspekte der positiv erforderlichen Handlungsweisen aufwerfen.

GEDANKENAUSFLUG

Nein, ich will das alles nicht!

Stellen Sie sich jetzt einfach mal vor, Sie wollten einen 3-D-Copyshop eröffnen, vielleicht später sogar mit Lizenzsystem. Und jetzt stellen Sie sich bildlich auf den Kopf:

→ Sie wünschen sich, dass Ihr Plan erfolglos ist,

→ Sie warten so lange, bis ein Wettbewerber die Idee verwirklicht hat,

→ Sie machen keinen vernünftigen Businessplan, ob sich Ihr Vorhaben rechnet, wer als Investor fungieren könnte,

→ Sie lassen sich Ihr Vorhaben von anderen miesmachen,

→ Sie lassen sich von den geringsten Widerständen sofort von Ihrem Ziel ablenken.

→ Wenn Sie dennoch endlich an der Vervollständigung Ihrer Unterlagen sitzen, genügt ein Anruf eines Freundes, ‚wir machen heute eine Fahrradausflug, komm doch mit' und schon lassen Sie alles stehen und liegen.

Noch mehr Beispiele? Ihnen fällt bestimmt selbst eine Menge ein. Wenn Sie jetzt zu jedem Negativpunkt wieder das Gegenteil entwickeln, dürften Sie sich auf der Zielgeraden zur positiven Verwirklichung Ihres Vorhabens befinden.

• •

Die Meinungen anderer - erkennen Sie Killerphrasen

Jetzt wollen Sie Ihre Ziele umsetzen und möchten sich noch einmal bestätigen lassen, dass Sie auch wirklich auf einem erfolgreichen Weg sind. Negative Rückmeldungen, fruchtlose Diskussionen oder fehlender Beistand von Partnern, Freunden, Verwandten können Sie in dieser Phase verunsichern; so wie sich **Jürgen Brenneisen** mit seiner Idee der Wurmfarm oft anhören musste: „Bist Du denn wahnsinnig geworden!?" Sich über Ihr Bild von sich selbst und Ihre Möglichkeiten klar zu werden durch den Vergleich mit dem Bild, das andere von Ihnen und von Ihrem Vorhaben haben (Abb. 9 und Abb.10) ist ausgesprochen sinnvoll. Jeder von uns hat etliche nicht ausgeleuchtete Ecken in seiner Persönlichkeit, von „blinden Flecken" ist niemand frei (Abb. 8). Hier geht es um das feine Gespür für die feinen Unterschiede zwischen konstruktiver Kritik und Miesmacherei. „Killerphrasen" können sein:

→ *Das hast Du doch schon mal probiert und nicht geschafft!*

→ *Als Experte kann ich Ihnen nur sagen, aussichtslos!*

→ *Das ist ja ganz nett, aber ...*

Woran erkennen Sie nun, ob es sich um eine Killerphrase oder doch um eine wichtige Warnung handelt? Am besten, Sie schauen von Beginn an genau hin, bei wem Sie sich noch einmal rückversichern und wen Sie zur Umsetzung Ihres Vorhabens an Ihrer Seite haben wollen. Natürlich gilt auch hier wieder das so sinnvolle Gebot des genauen Hinhorchens, Hinschauens und der Abgrenzung Ihres Wunschdenkens von Fremdaussagen. Notorische Ja-Sager, sei es aus falsch verstandener Freundschaft, aus Konfliktscheu oder aus dem Bedürfnis, sich bei Ihnen einzuschmeicheln, bringen Sie nicht weiter. Beim ewigen Blockierer steckt in vermeintlich wohlwollenden Warnungen nicht selten die Frustration über eigene, nicht erreichte Ziele dahinter. Menschen, die mit ihrer eigenen Situation glücklich sind und ihre persönliche Balance gefunden haben, werden auch andere ermutigen – „es ist richtig, dass Du aus den gewohnten Bahnen ausbrichst" – oder kritische Anregungen konstruktiv vortragen: „Es könnte sinnvoll sein, die Chancen Deines Vorhabens noch einmal genau zu überprüfen, ich helfe Dir gerne bei der Suche nach geeigneten Fachleuten."

GEDANKENAUSFLUG

Schauen Sie sich um!

Schauen Sie sich einmal genau um unter Ihren Bekannten, vielleicht auch Kollegen, Freunden und Verwandten, und notieren sich Ihre Überlegungen:

→ Wen würden Sie fragen, wenn die Dinge nicht so laufen, wie Sie es sich vorgestellt haben, wenn Schwierigkeiten auftreten?

→ Bei wem haben Sie das Gefühl, hier kann mir jemand wirklich helfen?

→ Bei welchem Ansprechpartner ist eine kritische Anmerkung wirklich hilfreich und zeugt von persönlichem Interesse und Sachkompetenz?

Gleich überqueren Sie die Zielgerade - Sieger in Flügelschuhen

Besser „trainiert" als Sie es jetzt sind, mit Ihrer so sorgfältigen und tiefgreifenden, psychisch-mentalen Vorbereitung auf Ihr Vorhaben, können Sie nicht sein. Jetzt müsste Ihnen der Lauf gerade auf Ihre Zielmarke zu, auf die Umsetzung all Ihrer Pläne, wie auf Flügelschuhen gelingen.

●●

IMPULSE AUS DER WISSENSCHAFT

Die Flügelschuhe des Perseus

Perseus, Sohn des obersten Herrschers in der griechischen Götterwelt, Zeus und dessen Geliebter Danae, erhielt von seinem Großvater, König Akrisios, Vater der Danae, den Auftrag, ihm das Haupt der Medusa zu bringen. Nymphen schenkten ihm für diese Aufgabe die Flügelschuhe, mit denen er nicht nur diesen Auftrag glanzvoll erledigte. Beflügelt durch die Geschwindigkeit, gelang es ihm auch noch, die Königstochter Andromeda vor einem Ungeheuer zu retten und sie zur Frau zu gewinnen.

●●

Heute verwenden wir für die „Flügelschuhe" den Begriff der Selbstmotivation: ein entscheidendes Moment, um aus dem Denken und Planen ins Handeln zu kommen. Porträtpartner **Peter Birle** erlebte einen entscheidenden Moment der Selbstmotivation in einer Art Tagtraum, in dem ihm „Flügel wuchsen" – dieser Traum motivierte ihn zu dem radikalen Schnitt in seinem Leben, in dem sukzessive aus dem Banker ein Bergführer wurde.

Managementforscher und Universitätsprofessor Waldemar Pelz (Pelz 2012) definiert fünf typische Merkmale eines erfolgreichen Umsetzers, eines Siegers in Flügelschuhen:

➜ Die Konzentration auf das Vorhaben und innere Stärke, wenn Widerstände auftreten

➜ Die Fähigkeit, sich in eine positive Stimmung zu versetzen und negative Gefühle zu integrieren

➜ Durchsetzungsstärke, um schwierige Situationen zu meistern

→ Die innere Erwartung des Erfolgs und die Bereitschaft, Unangenehmes sofort zu erledigen

→ Die Selbstdisziplin, um Verlockungen zu widerstehen

Diese Forderung nach enormer Selbstdisziplin, mehr noch, dieser großen inneren Reife, lässt Sie in Ihrem Lauf für eine Millisekunde innehalten? Werden Sie das alles schaffen? Hier ist nun noch einmal der Rückblick auf die Kraft visionären Denkens hilfreich, das wir in der Phase „Select/Multiple Perspektiven aufs Ziel" erörtert haben. Der Pionier des Zeichentrickfilms, Walt Disney, hatte mit der Figur des Träumers, des Visionärs, eine Facette menschlicher Zielfindung kreiert. Jetzt, in der Phase des Umsetzens, kann der seelisch-mentale Switch in Ihre Zukunft Ihnen Flügel verleihen. Nein, wir meinen nicht die gegen Abschluss des Kapitels „Select" angesprochene Assessment-„Vision", wo Sie beruflich in fünf Jahren stehen wollen. Wir sprechen hier von einem Vorstellungssprung in Ihr Alter hinein, in die Zeit des Rückblicks auf das, was Sie jetzt tun.

Auf die hohe Aufmerksamkeit, die unser Thema des Neustarts in der Lebensmitte auch in den Medien findet, haben wir schon in unserer Einführung hingewiesen. Im Beitrag „Das Ende der Kompromisse" (*GEO*-Spezialmagazin „Die Lebensmitte: Zeit des Umbruchs, Zeit des Aufbruchs") macht die Psychologie-Professorin Pasqualina Perrig-Chiello allen noch Zögerlichen Mut zum Ungewohnten, auch zum Risiko, jetzt aufzubrechen und das Neue zu wagen: „Wenn Sie die Lebensläufe von glücklich gealterten Menschen analysieren, dann sind dies in der Regel Männer und Frauen, die in der Lebensmitte gelernt haben, sich frei zu machen von dem, was andere sagen oder was gerade Mode ist. Sie sind selbstbestimmt und selbstwirksam ihren Weg gegangen. Das ist eine der großen Chancen, die wir in der Lebensmitte haben."

Maßgeschneidert

Maren Bartz

Erst im Kombinat, dann an der Universität in Halle, zuletzt in der Berliner Stadtverwaltung: Jahrzehntelang hatte die studierte Juristin Akten gewälzt. War darüber erst verzweifelt und dann krank geworden. Bis sie die Brocken hinwarf – und ihre Krise meisterte, weil sie ihre alte Liebe zu Stoffen wiederentdeckte. Und daraus ein florierendes Unternehmen schneiderte: Bartz betreibt Deutschlands einzigen zertifizierten Laden für Biostoffe.

Rechts ein Kleid aus weißem Leinen mit dunkelblauem Kragen, links eine Kombination aus wiesengrünem Rock und himmelblauem Shirt: Sehr adrett sieht die Kinderkleidung aus, die auf den beiden kleinen Puppen im Schaufenster drapiert ist. Eine dritte Schneiderpuppe steht in der hinteren Ecke des gut 70 Quadratmeter großen Ladens am Prenzlauer Berg. Sie ist umschlungen von Stoffen in gedeckten Farben von zeitloser Schönheit. Und so aufeinander abgestimmt, dass sie sich gut kombinieren lassen: mal in rosenquarz, mal in schiefergrau, mal in grauviolett. Der leichte Stoff, geeignet für locker fallende Sommerblusen oder als Mantelfutter, ist ein Bio-Batist, gefärbt in einer bio-zertifizierten Färberei auf der Schwäbischen Alb. „Mehr verrate ich nicht. Das ist mein Betriebsgeheimnis, mein Wettbewerbsvorteil, Coca-Cola verrät sein Rezept auch nicht", sagt Maren Bartz, Gründerin und Inhaberin von Siebenblau, Deutschlands einzigem bio-zertifizierten Stoffladen, nach kurzem Überlegen. „Diese Stoffe haben eine tolle Qualität, das gibt es nur bei mir, das merken und schätzen meine Kunden."

Bartz' Kunden, das sind in der Regel Frauen zwischen Ende 20 und Anfang 60, die vor allem zwei Interessen verbinden: Zum einen haben sie die Lust am Selbernähen wieder für sich entdeckt. Denn Bartz hat keine fertigen Röcke, Blusen oder Hosen im Angebot, sie verkauft nur lose Stoffe – und ausgewählte Schnittmuster. Sie nähen für ihre Babys, Kinder, Enkelkinder – oder eben etwas Schickes, Zeitloses für sich selbst. Mit Schnitten, Farben, Stoffen, die sie in keiner Boutique finden würden. „Diese Frauen haben früher genäht und nehmen sich dafür jetzt wieder die Zeit", so Bartz Erfahrung. „Sie haben einfach Lust aufs Selbermachen, wollen das Ergebnis ihres Tuns sehen und fühlen." Und haben eine große Öko-Affinität.

Für diese Frauen ist es seit Langem selbstverständlich, ihre Lebensmittel im Bio-Supermarkt zu kaufen. Sich aber nicht nur zu fragen: Was hab ich im Kühlschrank, was kommt auf meinen Teller? Sondern auch: Welche Kleidung hängt in meinem Schrank, was lasse ich an meine Haut? Frauen, die wissen wollen, wo die Baumwolle oder der Hanf angebaut werden, aus denen Bartz' Stoffe gefertigt werden. Wie der Acker behandelt wird, auf dem die Rohstoffe für ihre späteren Kleidungsstücke wachsen. Unter welchen Bedingungen die Arbeiter die Pflanzen ernten und verarbeiten, bis hin zur Art des Farbstoffs, der zur Colorierung benutzt wird. Besonders, wenn gerade wieder

Horrorbilder von geknechteten Arbeiterinnen in den Nähfabriken in Bangladesch die Runde machen.

„Das Bewusstsein der Verbraucher wird immer kritischer, die Menschen hinterfragen zunehmend ihren eigenen Konsum", sagt Bartz. „Keiner will mehr, dass andere ihre Gesundheit riskieren oder Kinder aufs Feld schicken, damit sie selbst sich billig kleiden können." Oder weil sie, ganz banal, auf konventionell produzierte Stoffe allergisch reagieren – so wie auch Bartz selbst, die unter einer Duftstoffallergie leidet. „In einem normalen Kaufhaus könnte ich nie arbeiten", sagt sie. „Aber hier in meinem Laden riecht es nicht."

Welche dieser Gründe beim Kauf auch immer im Vordergrund stehen mögen: „Biostoffe", so Bartz' Prognose, „werden bald eine Nachfrage erleben wie Bio-Lebensmittel."

Die 53-Jährige ist dafür längst gewappnet: Rund 250 verschiedene Stoffe hat sie im Angebot, von der gestreiften Baumwolle über Leinen bis zum Hanf – für Bartz der Rohstoff der Zukunft, weil er beim Anbau wenig Wasser braucht und gleichzeitig den Boden entgiftet. Musste sie vor wenigen Jahren mangels Masse „alles nehmen, was ich kriegen konnte", kann sie heute auf Messen Biostoffe unter vielen Angeboten auswählen – fünf Prozent des Angebots sind reine Biostoffe, fünfmal mehr als noch vor einigen Jahren. Findet sie doch nicht das Richtige, entwickelt sie selbst Ideen – das Design vieler Stoffballen in ihrem Angebot hat Bartz mittlerweile selbst entworfen. „Ich arbeite nur noch mit biozertifizierten Herstellern zusammen", sagt Bartz. „Da mache ich keine Kompromisse mehr."

Leinen bezieht sie aus Portugal, Baumwolle kauft sie nicht aus China oder Indien, sondern bevorzugt aus der Türkei, wo die Stoffe auch gewebt, verstrickt und gefärbt werden. „Bio", sagt Bartz, „das heißt für mich auch kurze Wege." Und bezahlbare Preise. Bartz' Anspruch: Ihre Biostoffe sollen nicht teurer sein als das Angebot in konventionellen Stoffläden. „Lieber verzichte ich auf einen Teil der möglichen Marge", sagt Bartz. „Ich möchte schließlich, dass die Leute kaufen und mit meinen Biostoffen arbeiten."

Und sich dabei so fühlen wie Bartz selbst: „Manchmal gehe ich mit geschlossenen Augen durch meinen Laden, nur um diese tolle Haptik zu spüren", sagt sie. „Wenn ich die Stoffe anfasse, geht mir das Herz auf." Weshalb auch ihre Wohnung voll ist mit Stoffen aller Art – aufräumen zwecklos. „Ich mag es, wenn die Stoffe rumliegen und mich inspirieren", sagt Bartz. „Jeder Ballen Stoff ist wie ein Freund, er gehört zu meinem Leben."

Die Tür zu schließen, um die Arbeit hinter sich zu lassen und den Feierabend zu genießen? Dieses Bedürfnis kennt Bartz gar nicht mehr. Bis zwei Uhr nachts sitzt sie manchmal da, beantwortet Mails, verschickt Bestellungen, bastelt an ihrem Onlineshop herum. „Leben und arbeiten", sagt sie, „sind für mich eins."

Das heißt für sie auch, zwischendurch einfach mal eine halbe Stunde in den Park zu gehen oder sich was zu kochen, ohne anderen Rechenschaft ablegen zu müssen. „Frei sein, nicht beäugt werden", sagt Bartz, „diese Lebensqualität möchte ich nicht mehr missen." Dass das vor nicht allzu langer Zeit ganz anders war, bezeichnet Bartz denn auch als „Hauptgrund, warum ich mein Leben geändert habe".

Nicht auszuschließen, dass der Webfehler ihres Lebens schon in jungen Jahren zu finden ist: Bartz, aufgewachsen im Ostberliner Stadtteil Pankow, Einser-Abitur, schreibt sich 1975 in Halle im Fach Wirtschaftsrecht ein. Nicht aus Leidenschaft, sondern aus einem ganz pragmatischen Grund: „Ich wollte Mathematik und Chemie aus dem Weg gehen." Mit 23 schließt sie das Studium ab, bleibt in der Stadt hängen, beginnt als Justiziarin in Kombinatsbetrieben in Halle zu arbeiten. Aus schierem Pflichtbewusstsein erledigt sie ihre Aufgaben stets gut, „aber diese Akten waren nie mein Ding". 1979 kommt das erste Kind, 1984 das zweite – und die Erkenntnis: Du musst etwas ändern. Mit großem Aufwand setzt Bartz durch, was damals für Frauen in der DDR völlig unüblich ist: Sie bleibt nach der Geburt des zweiten Kindes zuhause, kehrt erst nach drei Jahren wieder zurück, wechselt kurz darauf als Assistentin des Prorektors an die Universität. 32 Jahre ist sie da alt, kurz darauf fällt die Mauer, die Wende ist da – auch ihre persönliche: Sie lässt sich scheiden, geht zurück nach Berlin, zieht vorübergehend zu ihren Eltern, ergattert einen Job in der Rechtsabteilung der Stadtverwaltung von Berlin-Hohenschönhausen. Sie baut das Büro des Stadtteilbürgermeisters auf, wechselt immer mal wieder den Bezirk, wird im Lauf der Jahre als Assistentin für sechs verschiedene Bezirksbürgermeister arbeiten. Das bedeutet: Sitzungsprotokolle schreiben, Reden vorbereiten. Und darauf achten, dass die Sockenfarbe des Chefs zum Muster seiner Krawatte passt. Bis sie sich wieder fragt: Was mach ich hier eigentlich? „Ich fühlte eine innere Leere, wie ein Hamster im Laufrad."

Sie wechselt in den Umweltbereich, spezialisiert sich auf das Thema EU-Förderung, beginnt 2001 gar neben dem Job ein Masterstudium für europäisches Verwaltungsmanagement. Als ihr nach dem erfolgreichen Studienabschluss 2004 beruflich alle Türen offen stehen, sendet der Körper erste Warnsignale: steifer Hals, Gastritis, überfallartige Heulkrämpfe. Spritzen, Schlaftabletten, Alkohol – nichts hilft. Es folgen Infektanfälle, die Leber rebelliert – egal, Bartz ignoriert alle Alarmzeichen, macht sich Druck. „Du hast nochmal studiert, da muss es doch auch im Job klappen", erinnert sie sich. „Da war sie nochmal, die pflichtbewusste Frau Bartz."

Doch die Quittung lässt nicht mehr lange auf sich warten: Als sie an einem Sommertag 2006 von der Arbeit nach Hause kommt, ist sie, von einem Moment auf den nächsten, wie paralysiert. Selbst der Gang zum Bäcker überfordert sie. Bartz öffnet die Wohnungstür nicht mehr, geht nicht mehr ans Telefon, liest weder Post noch die E-Mails der Kollegen. Selbst Fernsehen ist ihr zuviel. „Ich habe nur noch Löcher in die Luft gestarrt." An die Rückkehr an den Arbeitsplatz ist nicht zu denken. Sie wird für mehrere Monate krankgeschrieben, macht eine Therapie in einer Reha-Klinik. Und merkt schnell: „In den alten Job will ich auf keinen Fall wieder zurück."

Sie verabschiedet sich von ihrem alten Leben, ohne zu wissen, wie es weitergeht. Weil es ihr sehr schwerfällt, mit anderen über ihren Zustand zu sprechen, sie ihre Krise weitestgehend mit sich alleine abmacht, wenden sich fast alle ab – Bekannte, Freunde, Kollegen. „Das war ein sehr schweres Jahr", erinnert sich Bartz, „aber eines der wichtigsten in meinem Leben."

2007 unterschreibt sie einen Aufhebungsvertrag, bekommt eine Abfindung – ein goldener Handschlag in Höhe von knapp 80 000 Euro. „Sehr viel Geld", weiß Bartz. Was sie damit machen soll, weiß sie nicht. Bei einem Spaziergang durch Berlin landet sie zufällig in einem Stoffladen – und ist elektrisiert. „Ich wollte gar nicht mehr rausgehen", erinnert sich Bartz. Und wird sich bewusst, dass ihre Liebe zu den Stoffen aus frühester Kindheit herrührt – als sie als kleines Mädchen in den Sommerferien bei der Oma an der Ostsee nicht nur barfuß über den Strand rennt, sondern auch mit beiden Händen in Omas Stofftruhe wühlt. Die Stoffe auseinanderfaltet, sich damit mit Wonne

Maßgeschneidert – Maren Bartz

umhüllt, sich vor dem großen Spiegel betrachtet und alles zusammengefaltet zurücklegt. Während ihre gleichaltrigen Freundinnen von West-Platten träumen, macht Bartz mit 14 einen Nähkurs, steckt das Geld, das sie sich durch Ferienjobs in Brauereien, chemischen Reinigungen und Großküchen mühsam zusammengespart hat, in eine Nähmaschine. Jahrelang beglückt sie die gesamte Familie mit Selbstgenähtem, doch als die Kinder größer werden und die berufliche Belastung zunimmt, gerät die Nähmaschine in Vergessenheit.

„Meine Naumann, die hab ich heute noch", schwärmt Bartz. „Die kann ich selbst reparieren, die geb ich nicht mehr her."

Angefixt durch ihr wiedererwachtes Interesse an der Handarbeit entschließt sich Bartz, eine Stickmaschine zu kaufen. Sie recherchiert tagelang im Internet, entscheidet sich für die gebrauchte Version des damals besten Modells – für 5000 Euro. „Dafür kriegst Du ja einen Gebrauchtwagen", sagen Freunde entgeistert – nur ihre Söhne halten zu ihr („wenn es Dir guttut"). Wochenlang sitzt sie an der neuen Errungenschaft, arbeitet sich ein in die Funktionsweisen. Und merkt, wie ihre Lebensgeister zurückkommen. Bartz fängt an, Kissen zu nähen, zu besticken – und zu verkaufen, in einem eigenen Onlineshop, für rund 20 Euro pro Stück.

„Das war der Start meiner Selbstständigkeit", sagt Bartz. Beantragt einen Gründungszuschuss, besucht eine Existenzgründungsberatung, lässt sich einen Businessplan schreiben. Und merkt schnell: „Davon kann ich niemals leben." Erkennt auf diesem Wege aber nicht nur, dass sie „nie wieder angestellt arbeiten will", sondern auch ihre Affinität zu Biostoffen. Weil sie im Internet nicht wirklich fündig wird, entscheidet sie schnell, selbst in diese Lücke zu springen. Denn „was ich suche, suchen andere auch".

Unter dem Label Siebenblau – der Name kombiniert die für Bartz magische Zahl mit der Farbe der Kleidung, die eine für sie prägende literarische Figur trägt – startet Bartz ab 2009 einen Onlinehandel für Biostoffe. Gemäß ihrer Lebensdevise „immer wieder was Neues lernen" legt sie einfach los, bringt sich unterwegs alles selbst bei: Wo es die besten Stoffe gibt. Wie man Preise festlegt. Wie man einen Onlineshop aufbaut. Oder wie man im Internet überhaupt gefunden wird.

Weil sie finanziell unabhängig bleiben will, verzichtet sie auf Kredite, greift immer wieder auf ihre Abfindung zurück, reduziert ihre Lebenshaltungskosten radikal: verkauft ihr Auto, verzichtet drei Jahre auf Urlaub, trägt nur noch selbstgenähte Kleidung. Bartz' einziger Luxus in den Anfangsjahren als Unternehmerin: Lebensmittel aus dem Bioladen. Anfangs stapelt sie die Stoffe einfach in ihrer Wohnung in einem ausgebauten Dachgeschoß in Pankow und verschickt sie auch von dort. „Da habe ich nach langer Zeit wieder gemerkt, wie schön es ist, eins mit seiner Arbeit zu sein, zu machen, wann und wie ich will." Und mietet, aus Platzgründen, nach einiger Zeit eine zweite Wohnung im Souterrain. Nutzt sie erst als Lager, bald auch als Verkaufsraum. Weil Kunden, die online bestellen, immer öfter fragen: „Kann man die Stoffe auch mal anfassen?" Bartz merkt: Der Kontakt mit den Kunden, die teils bis aus Hamburg oder München anreisen, macht ihr Spaß.

Ein weiteres Jahr später zieht sie in den Laden in die Pappelallee, hat inzwischen vier Mitarbeiterinnen, kann sich ein „ausreichend hohes Gehalt" zahlen. „Es läuft", sagt Bartz, „ich habe manchmal ein richtiges Glückskribbeln."

Und viele gute Ideen, dass das so bleibt: Bartz verschickt auf Wunsch kostenlose Proben ihrer Stoffe, „wir werden zugeschüttet mit Anfragen". Kooperiert mit Nähkurs-Veranstaltern in der Umgebung. Und will für die Winterkollektion einen leichten Wolljersey-Stoff in weitestgehend zeitlosen Farben wie anthrazit oder hellem Petrol produzieren lassen. „Das bleibt tragbar jenseits wechselnder Moden und ist auch eine Form von Nachhaltigkeit", sagt Bartz und befühlt ein Stück Stoff aus Merinowolle von argentinischen Schafen mit ihren Fingern. „Das ist was ganz Feines, das mag ich gar nicht loslassen."

Auf den Gipfel

Peter Birle

Frau, Kind, solide Jobs in der Finanzbranche: Peter Birle hatte alle Voraussetzungen für ein zufriedenes Leben. Doch seine Liebe zu den Bergen ist stärker: Mit Anfang 40 zieht er einen Schlussstrich unter Familie und Karriere, wird vom hoch bezahlten Banker zum bescheiden lebenden Bergführer. Und hat seine Entscheidung noch keine Sekunde bereut.

Der wichtigste Satz fällt, noch bevor es richtig losgeht: „Mia macha koa Wettrennen", sagt Peter Birle in breitem Bayerisch. Und macht schon auf den ersten Metern klar, wie ernst er es damit meint. In gemäßigtem, aber konstantem Tempo geht er voran, reiht konzentriert und kraftvoll Schritt an Schritt. Hört sich das Geplapper seines Begleiters kommentarlos an, der hinter ihm her trottet. Und nach ein paar Minuten erst den Gedanken über Bord wirft, den 61-Jährigen mit dem grauen Vier-Tage-Bart und der Kondition eines Endvierzigers eigentlich leicht überholen zu können. Und kurz darauf, schon leicht kurzatmig, lieber verstummt – um sich, wie Birle selbst, ganz auf den Weg zum Gipfel einzulassen.

„Da, schau", sagt Birle, der schon bei der Begrüßung auf dem Du besteht („macht ma so am Berg"). Und weist, ohne das Tempo zu reduzieren, seinen ungeübten Begleiter auf Krokusse, Erika, Buschwindröschen hin. Oder einen Stein, „der ausschaut wia a Dinosaurierknoch'n".

Viel mehr wird er nicht mehr sprechen auf dem gut zweistündigen Aufstieg auf den Spitzstein an der Grenze zwischen dem bayerischen Chiemgau und Tirol, mit seinen 1596 Metern einer der Hausberge der Einheimischen. Und ein Klacks für einen Bergfex wie Birle. Fast lautlos gewinnt Birle Höhenmeter um Höhenmeter, unbeirrbar sucht und findet er seinen Weg, geht in leichten Serpentinen über Almen („nie die Diretissima"), stapft leichtfüßig durch Schneefelder. Bleibt gern ein wenig abseits der offiziell markierten Wege, wahrt aber immer den Respekt vor der Natur. „Ich halt' mich lieber fern von ausgetretenen Pfaden", sagt Birle, „ich gehe lieber meinen eigenen Weg."

So hat er es immer wieder gehalten – nicht nur am Berg, sondern überhaupt im Leben. Hat mit Anfang 40 scheinbar von heute auf morgen nach rund zwanzig Jahren respektabler Karriere nicht nur eine bombensichere Stelle als Bankkaufmann aufgegeben, sondern auch Frau und Sohn verlassen, um frei zu sein. Frei von den Zwängen seines bisherigen Daseins. Frei für seine Liebe zur Natur, den Bergen. Frei für ein neues Leben.

Im Schnitt vier Tage die Woche verbringt Birle heute übers Jahr gerechnet beim Wandern und Klettern, mal mit Gruppen, die ihn als professionellen Führer buchen, mal mit seiner neuen Familie, mal allein. „Ich wäre kein Mensch, wenn ich diese Möglichkeit nicht hätte", sagt Birle. „Ich bin jetzt endlich dort angekommen, wo ich immer hin wollte."

Der Weg bis zu dieser Erkenntnis war denkbar lang und mitunter steinig: Birle, Jahrgang 1952, wächst vor den Toren Münchens auf. Sein Vater, ein von beiden Weltkriegen ausgezehrter Mann, Polizist bei der Bayerischen Landpolizei, ist für den einzigen Sohn kein Vorbild. „Meine Mutter hat ihn immer runtergemacht, ich hatte keine Achtung vor ihm", erinnert sich Birle. Weil seine Mutter ihm das Fußballspielen verbietet („da wird doch nur gesoffen"), bringt sich Bub Birle auf einem kleinen Hügel selbst das Skifahren bei. Fährt Slalom durch Skistöcke, baut sich Sprungschanzen – „Hauptsache, ich konnte draußen sein".

Sein innigster Wunsch zur Firmung: mit der Zahnradbahn hoch auf den Wendelstein. „Schon damals habe ich diese innere Sehnsucht gespürt, mich in den Bergen aufzuhalten", sagt Birle. Den es nicht nur raus aus der Schule, sondern auch weg von zu Hause drängt. Weil in der Familie keiner seine Liebe zu den Bergen teilt, wird Birle mit 16 Jahren Mitglied im Alpenverein. „Das war mein Weg, mich abzunabeln", sagt Birle, „und mir meine eigene Welt aufzubauen."

Neben den Skitouren und dem Tiefschneefahren genießt Birle im Alpenverein vor allem „das schöne Gemeinschaftsgefühl". Bereits im zweiten Winter, Birle ist gerade mal 17, bricht er mit einer Gruppe zur Haute Route auf – einer extrem anspruchsvollen Skitour durch die Westalpen, von Chamonix nach Zermatt. Übersteht einen Schneesturm auf weit über 3000 Metern, passiert trotz höchster Lawinengefahr Wechten und Gletscherplateaus. Obwohl er als Neuling kaum Erfahrung im Gebirge hat, führt er die Gruppe sicher ans Ziel. „Ich konnte mich einfach auf meinen Instinkt verlassen."

Im Dorf eher als Einzelgänger verschrien, findet Birle über sein bergsteigerisches Talent im Alpenverein schnell Anschluss. Jede freie Minute verbringt er in den Bergen, die Mutter lässt ihn gewähren. Die Schule schließt er fast nebenher mit der Mittleren Reife ab, beginnt eine Lehre als Bankkaufmann in der Sparkasse Ebersberg, einer Kleinstadt im Osten von München. „Spaß hat's mir nicht gemacht", erinnert sich Birle, „aber den Ehrgeiz, keinen Fehler zu machen, hatte ich schon."

Birle startet in der Buchhaltung, muss schon im zweiten Lehrjahr den Geschäftsstellenleiter vertreten. Gewährt Kredite für bis zu 5000 Mark, ist verantwortlich für Tresor, Warnanlage und die Sicherheit von Geldtransporten über mehrere Millionen Mark – „obwohl ich von all dem keine Ahnung hatte". Beim Sparkassenchef eckt er an, weil er sich partout nicht von seinem Bart trennen will. Nach Ende der Lehre ruft die Bundeswehr – der gelernte Bankkaufmann soll in die Schreibstube, Birle drängt es zu den Gebirgsjägern, in den Hochgebirgszug nach Berchtesgaden. Birle besteht die Aufnahmeprüfung – eine simulierte Bergrettung –, beginnt im Winter neben seinen geliebten Skitouren auch Biathlon zu trainieren, wird Divisions- und Brigademeister. „Das hat mich begeistert."

Mit Anfang 20 lernt er seine spätere Frau kennen, scheidet aus der Bundeswehr aus, heiratet – „im Rückblick ein Fehler" – mit 22, wird stellvertretender Leiter einer Sparkassen-Geschäftsstelle in einem Dorf im Landkreis Rosenheim. Weil er „neuen Dingen gegenüber immer aufgeschlossen" ist, bewirbt er sich in der Zentrale als Werbeleiter, entwickelt ein System für Zielvorgaben. Als sein Sohn geboren wird, ist Birle der erste männliche Mitarbeiter in der Historie seines Arbeitgebers, der nach der Geburt eines Kindes Teilzeit beantragt – für sechs Monate. Während der Geschäftsstellenleiter als sein direkter Vorgesetzter über Birles Ansinnen entsetzt ist („wie kann ein gesunder Mann so was machen, das ist doch Aufgabe der Frau"), erfährt Birle Unterstützung vom Vorstandschef. 1985 ist Birle wieder erster – als er einen Antrag auf PC, Plotter und Nadeldrucker stellt. „Herr Birle", so die Reaktion eines Sparkassenvorstands, „Sie werden mir immer unheimlicher."

Für acht Mitarbeiter ist Birle da zuständig, verantwortlich für Werbung, Außendienst, Hausmeisterei, Sekretariat. Er entwickelt neue Finanzprodukte, organisiert Verkaufstrainings, macht die Öffentlichkeitsarbeit, initiiert einen Arbeitskreis für die Annäherung zwischen Schule und Wirtschaft. Und sorgt mit der ÖkoAktion „Ich bin ein Baumfan", für die er Schüler einige Tausend Baumsamen säen lässt, für Furore in den regionalen Medien.

Trotzdem erlebt Birle kurz darauf eine Sinnkrise. „Ich habe meine Pflicht erfüllt, mich aber total gelangweilt, hatte abends meist das Gefühl, nur die Zeit totgeschlagen, aber nichts geleistet zu haben, auf das ich hätte stolz sein können", erinnert er sich. Fragt sich mit gerade mal 35 Jahren: „Will ich wirklich so weitermachen?" Und muss sich, auf dem Zenit seiner Karriere, eingestehen: „Das ist nicht mein Leben."

Bestärkt in seinem Drang, sein Leben verändern zu müssen, fühlt er sich durch ein Erlebnis im Griechenland-Urlaub, Pfingsten 1987. Am Morgen seines Geburtstags wacht Birle vor Sonnenaufgang auf, fährt mit dem Fahrrad im Morgengrauen intuitiv vom Campingplatz zum Ausgrabungsgebiet von Olympia. Als ihn im Zeus-Tempel der erste Sonnenstrahl trifft, wird ihm klar: „Du musst Dich auf den Weg machen." Wie in Trance begibt er sich zur Laufbahn, stellt sich in die Startrillen und spurtet los. „Ich bekomme jetzt noch eine Gänsehaut, wenn ich daran denke", sagt Birle. „Damals wusste ich: Jetzt ändert sich was."

Birle wechselt zur Leasinggesellschaft der Sparkassen – „das war exotisch, ich hatte keine Ahnung vom Geschäft – das hat mich fasziniert". Für seine Dienstreisen legt er sich – anders als das Gros seiner Kollegen – weder eine protzige Limousine noch einen praktischen Kombi zu, sondern ein Wohnmobil, mit Zentralheizung und richtiger Toilette. Trägt auf Geschäftsterminen lieber einen lässigen Pullover als eine konservative Krawatte, geht morgens vor dem ersten Termin joggen, lädt schon mal Obdachlose in sein Wohnmobil zum Frühstück, sucht sich abends ein lauschiges Picknickplätzchen. Zuhause ist er selten, „meine Frau hat es hingenommen, Hauptsache, ich war zufrieden".

Das ist er aber nicht – weil er mit der Zeit merkt, dass das Leasinggeschäft auf Kosten der Kunden geht. Und kündigt. Es folgt ein kurzes Intermezzo bei einem mittelständischen Elektronikunternehmen an seinem Wohnort, wo er Finanzgeschäftsführer wird – und kurz darauf feststellt, dass das Unternehmen ein Sanierungsfall ist. Weil er als ehrenamtlicher Gemeinderat nicht die Entlassung zahlreicher Mitbürger aus dem Ort verantworten will, schreibt er nur eine Kündigung – seine eigene. „Konsequenzen zu ziehen fällt mir nicht schwer", sagt Birle. „Wenn es die richtigen sind."

Er kehrt noch einmal zurück zur Sparkasse, als Leiter der Geschäftsstelle in seinem Wohnort – obwohl er längst spürt, dass dieser Weg in einer Sackgasse enden wird. „Nicht einmal meine Frau hatte eine Ahnung davon, wie zerrissen ich innerlich war", sagt Birle. „Ich habe alles mit mir selbst ausgemacht."

Weil er zahlreiche Kredite ohne eingehende Prüfung vergibt, soll er in die Wertpapierabteilung weggelobt werden. Er lehnt ab, weil er die Zielvorgaben für unerfüllbar hält. „Ich habe keine Lust", sagt er seinem Vorgesetzten, „mich sehenden Auges im Jahresgespräch kritisieren zu lassen, weil ich die Vorgaben nicht geschafft habe, die von Anfang an unrealistisch waren."

Diesmal bestärkt durch einen Tagtraum, den er während eines Betriebsausflugs auf einem Kreuzfahrtschiff auf der Donau auf dem Weg nach Wien gehabt hatte: Zwei junge Männer in altgriechischer Tracht führen Birle auf eine Kaimauer, von deren Ende eine kleine alte Frau mit runzeligem Gesicht, schwarz gekleidet, mit dicker Brille auf ihn zugeht. Mit beiden Händen streift sie über seinen Körper, immer und immer wieder. „Es war wie eine seelische Reinigung, ich fühlte mich wie von einer großen Last befreit", erinnert sich Birle. „Ich dachte, mir wachsen Flügel."

Zwei Tage nach dem Gespräch mit seinem Chef vollzieht Birle schließlich den radikalen Schnitt: Er kündigt schriftlich, hinterlässt der Bank die Nummer seines Postfachs, seiner Frau und seinem damals 14-jährigen Sohn einen Abschiedsbrief, packt die nötigsten Sachen, ist weg. „Ich brauchte und wollte einen kompletten Neuanfang, beruflich und privat", sagt Birle. „Alles andere war mir egal, ich hätte auch so entschieden, wenn ich unter einer Brücke hätte schlafen müssen." Muss er nicht: Birle zieht zu einer Freundin, die er vom Bergsteigen kennt. Und die bald darauf seine neue Lebensgefährtin werden sollte. Wie es beruflich für ihn weitergehen soll? Birle weiß nur: „Ich wollte nie wieder eine Arbeit tun, die durch Dritte organisiert ist."

Was es nicht leichter macht, ihn zu vermitteln, mit seinen damals 43 Jahren. Das Angebot, als Prokurist für einen Immobilienverwalter zu arbeiten, lässt er für eine Tour auf den Montblanc sausen, „hätte ich mit meinem Gewissen auch nicht vereinbaren können – diese Geldmacherei ekelte mich an". Leisten kann er sich diese Haltung auch, weil er seinen Lebensstandard radikal nach unten schraubt und von den Erträgen seiner Ersparnisse lebt – umgerechnet rund 120 000 Euro hatte er über die Jahre beiseitegelegt.

Dass sein Freundeskreis auf null schrumpft, nimmt er ebenso in Kauf wie eine mehrjährige Sendepause zu seinem Sohn. „Ich wollte vor allem allein sein." Weshalb es ihn in die Berge drängt. Wie ein Jäger hetzt er von Gipfel zu Gipfel, bis zu 60 3000er besteigt er pro Jahr, „je mehr ich geschafft habe und je schneller ich oben war, desto besser".

Die Wintermonate verbringt er stets auf einer einsamen Hütte, sechs Jahre lang – bis zur Geburt seiner Tochter. Weil seine Lebensgefährtin, eine Grundschullehrerin, als Hauptverdienerin bald wieder unterrichtet – drei Vormittage an der Schule plus zwei Abendkurse für Yoga –, kümmert sich Birle ums Kind. Und zieht weiter regelmäßig in die Berge. „Meine Frau versteht und akzeptiert meine Art, viel unterwegs zu sein", sagt Birle. Mehr als zehn Jahre dauert diese Orientierungsphase, in der Birle mal vom Atlantik über die Pyrenäen zum Mittelmeer geht, mal auf dem Sentiero Italia 800 Kilometer quer durch Italien wandert, Vulkane in Mexiko besteigt. Oder im Hohen Atlas in Marokko auf Skitour geht, morgens dabei auf 3000 Meter hinterm Schneepflug hochfährt und abends in der Sahara ankommt.

Bis er schließlich doch anfängt, seine Bergliebe zum Beruf zu machen. Der Kneipp-Verein Rosenheim sucht damals, 2007, einen Wanderleiter. Also macht Birle ein halbes Jahr lang diverse Aus- und Fortbildungen, die seine Frau mitfinanziert: Nordic Walking, Radwandern, Kneipp'sche Anwendungen. Birle schneidet als Lehrgangsbester ab, sattelt eine Ausbildung zum Bergwanderführer drauf. Und bietet seitdem geführte Touren an. Ob er mit einem Dutzend Frauen jenseits der Pensionsgrenze einen halben Tag im Flachen wandert, mit einer Jugendgruppe eine Woche durch die Alpen zieht oder mit Managern und Unternehmern mehrere Tage in der Senkrechten kraxelt: Stets achtet Birle darauf, ohne Vorurteile auf seine Kunden zuzugehen, keinen zu überfordern, bei Bedarf zu bremsen, jeden Teilnehmer die Tour genießen zu lassen. „Ich will ein Feuer entzünden für die Natur und Anleitung geben, sich selbst zu spüren beim Gehen", sagt Birle. „Bergsteigen ist für mich eine meditative Angelegenheit."

Aber definitiv nichts zum reich werden: Im Schnitt 1200 Euro verdient Birle mit seinen Touren jeden Monat, trägt damit etwa ein Drittel zum Familieneinkommen bei. „Aber es ist immer wieder faszinierend, wenn Teilnehmer am Ende einer Tour strahlend auf mich zukommen, sich bedanken für den schönen Tag, wiederkommen wollen", sagt Birle. „Diese Rückkoppelung macht mich glücklich – und ist mehr wert als jedes hohe Gehalt."

Für 2014 plant er mit der Schule seiner zwölfjährigen Tochter eine Alpenüberquerung, mit seinem Sohn aus erster Ehe hat er sich ausgesprochen, mit seiner ersten Frau ein freundschaftliches Verhältnis. „Nach all den Jahren", sagt Birle, „bin ich jetzt endlich da angekommen, wo ich immer hin wollte."

Nachlese und Dank

Warum dieses Buch, warum jetzt? Dass das Leben in der Lebensmitte keineswegs nur die Vorstufe zum Altwerden ist, oder das, was wir landläufig darunter verstehen, das kommt immer stärker im Bewusstsein unserer Gesellschaft an. Das biografische, das biologische und das gefühlte Alter sind immer weniger identisch – Ruhestand mit 65? Wohl eher Unruhestand! Die Weichen aber sind schon lange davor gestellt: Wo sollen Sie hin, die Menschen in der Lebensmitte, mit ihrem Elan, ihrer Neugier, ihrem Wissen? Was steht ihnen offen, wenn – gerade in der Lebensmitte – das nagende, das bohrende Gefühl immer stärker wird: Das kann's noch nicht gewesen sein! Positiv und nach vorn gewandt: Da gibt's noch viel mehr in meinem Leben! Zeitungen und Zeitschriften nehmen sich punktuell immer stärker dieses Themas an. Wir freuen uns, Ihnen mit diesem Buch eine ungewohnte Kombination zu bieten, aus gedanklicher Begleitung Ihres Willensbildungsprozesses „auf zu einem neuen Ziel" und Reportagen von Menschen, die genau das geschafft haben.

Wir, die drei Autoren, haben zusammengefunden genau wegen unserer privaten und beruflichen Begeisterung für dieses Thema: Die Lebensmitte, da steckt doch so viel an Möglichkeiten drin! Die wir nutzen oder ungenutzt lassen. Mit der Idee trugen wir – das nun schon vertraute und eingespielte Autorenduo Jens Hollmann und Katharina Daniels – uns seit Längerem. Ein Buch für diese Zielgruppe zu machen, über diese Zielgruppe – ja, mehr noch als das, mit dieser Zielgruppe in Gestalt unserer Reportage-Partner! Hollmann und Daniels trafen auf Manfred Engeser, Ressortleiter bei der *WirtschaftsWoche*. Auch er war spontan überzeugt von der Idee, Lebensentwürfe und Reflexionen zwischen zwei Buchdeckel zu binden – im stetigen Austausch zwischen Hamburg, Düsseldorf und Berlin. Auf der Frankfurter Buchmesse im Herbst 2012 fanden wir drei Entschlossenen im Verlagschef von Linde, Dr. Oskar Mennel, – zu unserer großen Freude – einen spontan begeisterten Freund unseres Vorhabens – danke!

Welche Potenziale Menschen zur Verfügung stehen, bestätigte sich in jedem einzelnen Gespräch mit den Menschen, die Manfred Engeser ausführlich und offen von ihrem Weg in ihr neues Leben berichtet haben. Sie bringen das unmittelbare (Er-)Leben in dieses Buch, ihre Geschichten sollen diejenigen ermuntern, die jetzt diesen Weg erst beginnen wollen. Wir wünschen Ihnen allen, dass Ihr Vorhaben Sie noch lange trägt!

Jens Hollmann und Katharina Daniels durften mit ihrem vertrauten Mitstreiter in Buchprojekten, dem Vierten im Buch-Bunde, Jürgen Elsen, einem stetig in die Tiefe dringenden Menschen vieler Neuanfänge und „Lebensmittler" wie wir, wieder einmal inspirierende Verbildlichungen ihrer Gedanken erleben – und einen stets kritischen Hinterfrager von Gedankengängen. 18 unverkennbare, zeichnerische „Auf-den-Punkt-Bringer" aus der Elsen-Feder lockern in den SISCA-Phasen diesmal die Texte auf, danke Jürgen Elsen!

Zu diesem Buch gibt es eine Website, sieg-der-silberruecken.de, auf der unsere Leser noch mehr Infos zu uns finden sowie Tipps, die für Sie in Ihrer Zielfindung interessant sein können. Und natürlich die Möglichkeit, mit uns direkt Kontakt aufzunehmen. Vielleicht ergeben sich daraus nochmals neue Ideen! Wir freuen uns auf Sie!

Die Autoren

Katharina Daniels, Jahrgang 1956, ist freiberufliche Fachjournalistin sowie PR-und Kommunikationsberaterin. Sie ist Autorin von Fachbüchern und Lehrbeauftragte an einer Fachhochschule für Erwachsenenbildung. Das Themenfeld des Älterwerdens, der damit verbundenen Chancen und Gestaltungsspielräume, beschäftigt sie schon in ihrer gesamten beruflichen Laufbahn. Noch in ihrer Zeit als festangestellte Redakteurin wurde ihre Reportage- und Essayreihe „Älter werden – ja und!" in die Reihe der von der Konrad-Adenauer-Stiftung gewürdigten Arbeiten aufgenommen. www.daniels-kommunikation.com

Manfred Engeser, Jahrgang 1968, leitet das Ressort Management & Erfolg der *WirtschaftsWoche*. Der langjährige Magazinjournalist ist Mitorganisator des Deutschen Diversitypreises, den die *WirtschaftsWoche* 2011 gemeinsam mit der Unternehmensberatung McKinsey ins Leben gerufen hat, und saß 2012 in der Jury des Personalmanagement-Awards des Bundesverbands der Personalmanager. Der Politologe, Absolvent der Deutschen Journalistenschule und IJP-Stipendiat ist außerdem als Moderator und Buchautor tätig. www.wiwo.de

Jens Hollmann, Jahrgang 1965, ist seit mehr als 15 Jahren in der Beratung von Menschen in verantwortlichen Positionen tätig. Er ist Autor und Herausgeber von Fachbüchern im Bereich der Wirtschaftsforschung, der Organisationsentwicklung und der (Selbst-)Führungsexpertise, Lehrbeauftragter an Universitäten sowie Veranstalter fachspezifischer Kongresse. Für Menschen, die sich mit ihrer (beruflichen) Selbstfindung auseinandersetzen, siehe www.kloster-seminare.de, für Organisationen in Veränderungsprozessen www.pro-results.de.

Literaturverzeichnis

Albrecht, Harro: „Lob der Erfahrung" im ZEIT-Dossier WISSEN, 3. Mai 2012, Die ZEIT Numero 19.

Albrecht, Harro: „Denken ist die Simulation gemachter Erfahrungen", Interview mit dem Kognitionspsychologen Markus Kiefer im ZEIT-Dossier WISSEN, 3. Mai 2012, Die ZEIT Numero 19.

Assheuer, Thomas: „Worauf ist noch Verlass?" im ZEIT-Dossier WISSEN, 3. Mai 2012, Die ZEIT Numero 19.

Bensiek, Arne et.al.: „Der Geschmack des Neuanfangs", Tagesspiegel Wirtschaft, 5. Mai 2013.

Hollmann, Jens /Daniels, Katharina: „Anders wirtschaften – was Erfolgreiche besser machen", Gabler 2011.

Hollmann, Jens: „Führungskompetenz für Leitende Ärzte im Krankenhaus", Springer Heidelberg-Berlin, 2. Auflage 2012.

Hollmann, Jens/Geissler, Angela: „Leistungsbalance für Leitende Ärzte im Krankenhaus", Springer Heidelberg-Berlin 2012.

Kammertöns, Hanns-Bruno: „Bleibt neugierig", Interview mit Edzard Reuter, Die ZEIT Internet Spezial, Mai 2008.

Kehr, Hugo M.: „Integrating implicit motives, explicit motives, and perceived abilities: The compensatory model of work motivation and volition", Academy of Management Review, 29, 479–499, 2004.

Krause, Frank/Storch, Maja: „Ressourcenorientiert coachen mit dem Zürcher Ressourcen Modell – ZRM, Psychologie in Österreich 1/2006, 32–43.

Leber, Fabian: „Unsere neue Religion", Tagesspiegel 28.4.2013, Nr. 21673.

Martenstein, Harald: „Ich muss kein anderer mehr werden", GEO Wissen: „Die Lebensmitte – Zeit des Umbruchs, Zeit des Aufbruchs", Oktober 2012.

McClelland, David: „The need for power, brain norepinephrine turnover, and memory", in: Motivation and Emotion, Vol. 9, No.1, März 1985, plus: „The relationship of affiliative arousal to dopamin release", in: Mo-

tivation and Emotion, Vol. 11, No.1, März 1987; plus: „Achievement motivation in relation to achievement-related recall, performance, and urine
flow, a marker associated with release of vasopressin", in: Motivation and
Emotion, Vol. 19, No.1, März 1995.

Niederberger, Lukas: „Am liebsten beides", Scherz Verlag, 3. Auflage 2005.

Och, Andrea/Daniels, Katharina: „Lust auf Macht – wie (nicht nur) Frauen
an die Spitze kommen", Linde 2013.

Pelz, Waldemar: „Von der Motivation zur Volition", Forschungsbericht Inter-
nationales Management und Marketing Technische Hochschule Mittelhessen, 2012.

Peters, Freia: „Alter hat Zukunft", Die WELT am SONNTAG, 14. September 2008.

Pöppel, Ernst/Wagner Beatrice: „Je älter desto besser", Goldmann 2012.

„Rücken Sie vor, bis auf Los – Mitten im Berufsleben einen Neustart wagen,
noch einmal etwas ganz anderes anfangen, das erfordert Disziplin, Mut
und Leidenschaft", Themen-Spezial der ZEIT „Chancen" Numero 48,
vom 24. November 2011.

Sandmeyer, Peter: „Eine Midlife-Crisis gibt es nicht", stern.de, 21. September
2008.

Simon, Claus-Peter: „Das Ende der Kompromisse", Interview mit der Psychologin Pasqualina Perrig-Chiello, GEO Wissen: „Die Lebensmitte – Zeit
des Umbruchs, Zeit des Aufbruchs", Oktober 2012.

Stangl Arbeitsblätter: http://arbeitsblaetter.stangl-taller.at/EMOTION/Rie-
mann.shtml.

Varga von Kibéd, Matthias/Sparrer, Insa: „Ganz im Gegenteil. Grundformen systemischer Strukturaufstellungen für Querdenker und solche, die
es werden wollen", Carl-Auer-Verlag, 5. Auflage 2005.